人类发现之旅

人类探险的历程

李哲 编著

THE
HUMAN
ADVENTURE
COURSE

中国画报出版社·北京

图书在版编目（CIP）数据

人类探险的历程 / 李哲编著 . —— 北京 ：中国画报
出版社，2012.11（2025.1 重印）
ISBN 978-7-5146-0641-6

Ⅰ . ①人… Ⅱ . ①李… Ⅲ . ①探险 － 世界 － 普及读物
Ⅳ . ① N81-49

中国版本图书馆 CIP 数据核字 (2012) 第 257728 号

人类探险的历程   李哲　编著

出 版 人：	田　辉	
责任编辑：	齐丽华	
出　　版	中国画报出版社	
地　　址	中国北京市海淀区车公庄西路 33 号，邮编：100048	
电　　话	010-88417359（总编室兼传真）　010-88417359（版权部）	
	010-88417418（发行部）　010-68414683（发行部传真）	
印　　刷	三河市兴国印务有限公司	
监　　印	傅崇桂	
经　　销	新华书店	
开　　本	700mm×1000mm　　1/16	
印　　张	13	
字　　数	290 千字	
插　　图	400	
版　　次	2013 年 1 月第 1 版　2025 年 1 月第 2 次印刷	
书　　号	ISBN 978-7-5146-0641-6	
定　　价	78.00 元	

人类探险
的历程

前言
Introduction

　　根据《现代汉语词典》"探险"的定义，是指到从来没有人去过或很少有人去过的艰险地方去考察、寻究自然界情况的活动。从其行为定性而言，带有对未知危险程度和风险发生概率的自然环境和现象进行主动寻究、考察的特征，是明知有危险却主动去探究的自我冒险行为。探险家是为了探测新事物等目的而深入危险或不为人知的地方进行探索的人。探险者通常是来自一个国家或文明最先到达某地方的人，也可以指冒险家、旅行家或者职业航海家、飞行员等。探险的目的因人而异，可能包括军事、商业、学术、旅行、宗教等各种因素。不容否认，一部分探险家的活动完全是为了满足统治者的贪欲，出于某一人群的私利，是为侵略、扩张、殖民、掠夺等罪恶目的服务的，但在客观上还是导致了新的地理发现，改变了人类历史的进程，尽管也使人类付出了过大的代价。

　　可以毫不夸大地说，人类的历史就是一部探险史和开拓史，探险家为人类在物质上和精神上的进步作出了巨大贡献。但是，绝大多数探险活动已经作为开拓和发展史的一部分而难以区别，绝大多数探险家本来就是无名英雄，早已湮没在历史的尘埃之中。正因为如此，要编写出一部人类探险史实属不易。本书采用一个独特的视角——探险历程，以此形式勾勒了人类探险轨迹。

　　本书是简明的文字按时间顺序扼要地记载一定历史时期内发生的重大事件，揭示重要事件和活动的发生、发展过程以及它们之间的关系的资料，是以时为经，以事为纬，简明地记载和反映一定范围内各种重要史实的资料和工具书。内容：由大事的时间和大事记述两部分组成展示历史发展的概貌和规律，选择影响大、具有历史意义和查找利用价值的事件。选事原则：紧紧围绕所要记述和反映的对象，勾勒全貌，突出重点，大事要事必载，小事琐事不取。本书最大的特点就是从纵的方面为读者了解历史提供史实梗概。

　　本书并不限于简略的概括性写法，而是在有限的篇幅内，较为充分地反映探险故事的丰富与完整的面目，提供的信息量大，这也反映了一种新的意图。在这个意图指导下，不仅可供检索，也可兼备阅读。

　　"大事不漏，小事不录"，本书也以此要求，精心选材，遴选出人类探险史上的重要事件。因此，尽管本书的篇幅不长，但已经粗线条地展现了人类探险史发展的全貌。

　　全书还配有多幅精美的彩色插图、立体、直观、全面地展现人类探险史画卷，也增强了本书的可读性和趣味性。

INTRODUCTION

目录
CONTENTS

第三章 深入美洲腹地

第六章　到南极探险

第七章　到北极探险

第八章　人类要登天入海

第一章

人类从探险开始

　　辽阔的海洋占据了地球面积的四分之三，而沿海河口的三角洲又是早期人类生活繁衍最重要的地区，所以，海洋和人类文明的发展有着密切的关系。最早的航海活动大概在6000年前就由苏美尔人在波斯湾开始了，随后的漫长历史长河中，出现了无数优秀的航海者，他们依靠智慧和勇气，征服海洋，探索发现新的领域，联结不同的文明和大陆，为人类进步作出了突出贡献。

　　在古代世界航海民族的行列中，以尼罗河流域的埃及人、地中海海域的腓尼基人、北欧海域的维京人、印度洋海域的阿拉伯人和黄河流域的中国人最为著名。

　　上古时期的原始航海活动一直局限于东部地中海区域。苏美尔人、埃及人、克里特人、腓尼基人、希腊人相继成为上古时期著名的航海民族，他们在地中海区域从事频繁的海上贸易。其中腓尼基人是天生的航海家，他们在远程航海中发明了通过观察星座确定船位的方法。腓尼基人曾在东西地中海沿岸建立了众多殖民地，迦太基即是其中之一。公元前7世纪腓尼基人奉埃及法老尼科二世之命出红海探险，他们进入印度洋沿东非海岸南下，在非洲南端进入大西洋，北上直布罗陀海峡进入地中海再进入尼罗河返回埃及，如此完成了长达3年的人类最早绕非洲大陆的探险航行壮举。

　　公元7世纪至9世纪，阿拉伯人、中国人和维京人的海上交通兴盛起来。中国人开辟的海上丝绸之路，为东西方的海上交通架起了一座桥梁，并造就了明初郑和下西洋的千古绝唱。出入于印度洋海域的阿拉伯人巧妙创制了一种船壳，板缝间用纤维和油脂的混合物填塞，保证不浸水的坚固的缝合木船作远洋航行，著名的阿拉伯航海家辛巴德就是乘坐这类缝合木船远航探险到了中国。缝合木船结构的柔性特点，使船不易被海上礁石撞坏，且易于修理，使这类船种得以流传到印度洋的马达加斯加、斯里兰卡及东南亚各地，乃至中国的海南岛地区，成为古代世界颇具特色的优秀船种之一。阿拉伯人成为东西方海上交通的中介，中国的四大发明也通过海道由阿拉伯人传入欧洲。维京人在欧洲中世纪最黑暗的年代崛起，他们的海上探险足迹遍及世界各地，探险家埃里克森父子发现了格陵兰等未知陆地，开创了人类远程海上探险的先河。

人类最早的航海探险

从现有的人类在远古时期的航海活动的实物与文字记载来看，埃及是人类升起第一张风帆的国家，古代埃及人很早就在尼罗河、地中海沿岸和红海上进行探险航行，虽然当时的航程在今天看来也许是微不足道的，但在当时是一件了不起的壮举。他们的探索精神，给后来的探险者作出了榜样。

古埃及人的探险船

古埃及，是人类文明发源地之一，同时也是人类最早进行航海活动的地方。在英国的不列颠博物馆里，收藏着一只出土于埃及纳加达地区的古陶罐。据考古学家考证，这只陶罐的制作年代是距今5000年的埃及古王国时期。这只典型古埃及风格的陶罐，造型极其古朴。在它的外表，描绘有一艘正张帆航行的船只：首尾两端高高翘起，说明它是远古时期埃及船舶的形制，在靠近艉柱的地方立有一根桅杆，桅杆上挂着一张四方形的单横帆。这就是迄今为止在人类文明史上所能见到的最古老、最原始的风帆。

▼埃及人沿着红海海岸完成远距离的航行

在埃及，人们还能读到一份人类最早的航海货运提单。这就是刻在"巴勒摩石碑"上的一段文字。这块石碑上记载，在埃及第四王朝（距今5000年左右）时，当时的齐阿普斯国王得到满载杉木的船40艘。根据古代地理状况，埃及不出产木材，用来建造船舶的木料，是从今天的黎巴嫩山区运去的雪松木。齐阿普斯王需要这些雪松木来建造一种名为"太阳船"的神船。在埃及神话传说中，国王可以通过"太阳船"来回于阴间与阳间。

大约在公元前2500年左右，埃及人便驾驶帆桨船，沿地中海的亚细亚东岸行进，从西奈半岛运回了砂岩、铜矿石，从黎巴嫩、叙利亚运回了橄榄油和贵重的雪松木。

古埃及王国的统治者们为了派出探

险队和寻找黄金、象牙及珍贵木材，沿尼罗河向上游航行，从努比亚运回了他们所需要的东西。探险队还沿红海海岸航行抵达东非海角上的蓬特国（今索马里），从蓬特国运回了名贵的宝石、香料、象牙及木材，此后与蓬特的贸易中断了几百年。

▲公元前 1100 年绘制的纸莎草地图

到蓬特探险

关于古埃及人的探险活动，记载最详细的莫过于公元前 1500 年前后到蓬特的探险。

当时有一个大臣向埃及国王进言，再次从事祖先曾经进行的到蓬特国的探险，开辟香料来源。埃及国王采纳了这位大臣的建议，决定派船出航。

蓬特是一个远在埃及疆域之外的国度，极可能在红海沿岸，今日的苏丹与索马里交界附近。这个埃及人称作"上帝之邦"的国度，到处是奇珍异宝。很久以前，埃及的商人曾到过那里。毫无疑问，前往蓬特的旅途充满了凶险，要受海陆两种煎熬：需很多大船，一小队士兵和奴隶，并要穿越沙漠，跨过大海，历时接近一年，才能往返一次。

公元前 1495 年的夏天，由一个名叫奈西的官员带领的探险队离开底比斯出发了，探险队有 20 艘船，由苏丹奴隶划船。时间的确定是非常关键的：红海在夏天有一股强劲的海流向南流动，最纯的没药和乳香树脂在秋季早期收获。探险队拆开大船进行运输，把与蓬特人贸易的货物，如布料、玻璃镜和武器装上牛车。然后，大篷车、驴子和牛车向东出发了，他们跨越沙漠贸易古道，向红海迤逦而去。

在红海岸边，埃及的探险家们将船只重新装好，便扬帆启航。这些船并不很大，大约不到当时最大船只尺寸的一半，每艘船携船员约 40 人，其中包括 30 名划桨手。若没有风，划桨手就必须面向船尾，手握柳叶状、大宽面的桨，摇起船来，并发出乐声为号，时而吹笛，时而敲锣，有时又摇串铃。

探险队紧靠西海岸而行，沿着红海南下。船队在海上航行了十几个月，大海茫茫，还是不知道蓬特在何处。船员们的信心开始动摇，失望的情绪笼罩着他们。就在探险队绝望时，前方的海面突然出现了一个岛屿，岛上人影晃动，圆锥形的小屋错落有致地隐现于椰林中。上岛探问后，欣喜地获知来到了蓬特的辖区。

▼这块浮雕表现的是古埃及的探险家远航北非时所用的船型

这个探险队到达蓬特后，蓬特的国王热情地款待了他们。探险队停泊在岸边数月，一边购货装满船舱，一边等待有利时机返航回国。

返航时，埃及满载的船队顺利返回底比斯，带回乌木、眼部化妆品、象牙、猩猩、猴子、狗、南方黑豹皮以及所有"上帝之邦"的芬芳的树木和大量的没药脂，探险队还带回了几个蓬特人和蓬特国王的肖像画。

开辟非洲航路

提到西方航海，就不得不提腓尼基人。腓尼基人发端于地中海东岸的黎巴嫩、叙利亚和以色列北部，古称迦南的地方。那里依山靠海，不适于农耕，腓尼基人是出色的商人和航海家。他们在迦南建立了推罗，驾驶着他们细长的船只，航行于整个地中海范围，向西方穿过了直布罗陀海峡进入大西洋，进而向北到达法国西海岸甚至不列颠海岸，向南则到达西非海岸。

勇敢的航海家

腓尼基人是出色的航海家，他们依靠自己在手工业方面的高超技术，利用本国多港湾的地理条件，凭借森林中的黎巴嫩雪松制造海船，勇敢地告别故乡，去进行海外冒险生涯。在远航和贸易中，腓尼基人遇见了欧洲和大西洋沿岸文化落后的民族，也看到了文明的埃及人和美索不达米亚人。他们从一个地方到另一个

▲腓尼基人在海上航行

地方，运回了各式各样值钱的货物，也带回了各地的科学文化知识。

腓尼基人是最富有经验的海员，他们拥有在当时最先进的海船。早在公元前 2500 年左右，腓尼基人就能凭借太阳和北极星辨别方向，驾驶着他们引以自豪的鸟头鱼尾平底船，出没在东地中海、爱琴海上。

在地理发现方面，约公元前 2000 至前 1000 年，腓尼基人利用太阳和行星的位置确定方位，开辟了从直布罗陀海峡远航大西洋的航线，发现了加那利群岛。腓尼基人世代与狂涛巨浪搏斗，是他们第一次发现直布罗陀海峡，经常出没波涛汹涌的大西洋。今天，直布罗陀海峡的两个坐标就是用腓尼基的神来命名的，被称为"美尔卡尔塔"。

公元前 15 世纪，腓尼基人的商船已驰骋于整个地中海了。到公元前 9 世纪，他们的航海商业活动达到了繁荣阶段。到公元 10 世纪左右，腓尼基人的活动范围已经达到今天的塞浦路斯、西西里岛、撒丁岛、法国和西班牙南部以及北部非洲。

绕非洲大陆航行

腓尼基人最伟大的远航，是在公元前 7 世纪，应埃及法老尼科二世的要求，出红海，下印度洋，沿非洲东海岸南下，经过了 3 年的漫长远航完成了人类第一次绕行非洲大陆的航行壮举，要知道，直到差不多 2000 年后，欧洲人还相信赤道附近的大洋是一片燃烧的海，人类是无法航行的。

当时，腓尼基人准备好 3 艘航船。它们都是船头尖尖的双层划桨船，船尾向上翘起。上层的船员掌握航行的方向，下层的船员负责划桨。船上装满航行需要的粮食与准备交换的商品后，就从埃及的港口启航了。

船队沿着尼罗河的支流前进，然后驶入阿拉伯海湾的一片绿水中。航船行驶了 40 天，到达一个村庄。当地的居民个个皮肤黝黑，身体半裸。他们热情地请船员们饱餐了一顿。善于经商的腓尼基人不失时机地在地上陈列出种种货物：绛红色的布匹，琥珀镶的项圈，金银制的杯子，锋利的匕首。村民们吃惊地看着这些从没见过的漂亮东西，争着拿出猎来的动物作为交换。但是腓尼基人对动物不感兴趣，只要一种芳香四溢的树脂——没药。他们心里很清楚，埃及的僧侣愿意拿出许多金银来交换这种珍贵的药材。

不久，腓尼基船队来到一片荒漠的海岸，在这里他们与当地的黑人进行了非常有趣的交易。希罗多德在他的著作中对此作过记载：腓尼基人在海滩上卸下货物后，返回船上，升起一缕黑烟作信号，黑人看到后，来到海滩上，在货物旁放上一些金子，然后躲进树林。腓尼基人上岸，见金子数量满意，就收起金子离开，不满意就回船上等，直到黑人增加的金子使他们满意为止。

航行了 12 个月之后，一件怪事发生了，中午的太阳竟从北面照射过来。原来，腓尼基人一直生活在北半球，从来没有越过赤道，只知道中午前后的太阳是从南边照过来的。现在他们航行到了南半球，因此看到这种现象就奇怪极了。终于有一天，船队来到非洲大陆的最南端，海岸开始折向西方，这已是航行的第二年了。

航船开始向北航行。当第二年航行结束的时候，中午的太阳光又从南方照来了——他们回到了北半球。经过 3 年艰苦的航行，腓尼基船队又回到了埃及。

腓尼基航海家们这次环绕非洲的航行，距今已有 2600 年，它是人类航海史上的一个里程碑，比葡萄牙人达·伽马对非洲航路的开辟还早 2000 多年。

"紫红之国"

据说，有一个住在地中海东岸的牧人，他养着一条猎狗。有一天，猎狗从海边衔回一个贝壳，它使劲一咬，嘴里、鼻上立刻溅满了鲜红的水迹。开始牧人以为狗的脸部被贝壳剌破了，就用清水给它冲洗伤口。可洗后狗的脸上还是一片鲜红。贝壳里难道有红色颜料？牧人暗暗思量着。于是他拿起贝壳仔细察看，原来是从贝壳中流出的紫红色汁液把狗嘴染红了。这种贝壳在腓尼基的浅海非常多见。于是人们便用这种染料来染各种织物。而经这种染料染过的布匹，颜色美丽而且将这种布放入沸水中或冷水中洗涤，都不会褪色。甚至布已经磨穿了，颜色依然亮丽如新。这种染料得到了人们的喜爱，特别是东方国家的帝王和掌管祭神活动的祭司们都乐于购买。因为这种染料是迦南特有的，于是人们把出产这种紫红色染料的迦南称作腓尼基，意为"紫红之国"。时间一长，人们反而把它的本名淡忘了。

军事探险

亚历山大东征是一次掠夺性远征，历时 10 年，行程逾万里，灭亡了波斯帝国。在西起巴尔干半岛、尼罗河，东至印度河这一广袤地域，建成幅员空前的亚历山大帝国。亚历山大的军事探险对世界地理学的发展作出了巨大的贡献，使希腊人和欧洲人了解了更广大的世界，亚历山大是历史上最伟大的探险家之一。

▲亲自围攻推罗城的亚历山大经过 7 个月的艰苦战斗，才攻下了推罗城

马其顿的兴起

正当希腊各城邦日趋衰落的时候，希腊北面的马其顿国家日渐强盛起来。公元前 4 世纪中期，国王腓力二世当政。腓力要做一个强有力的国王，要统一整个希腊，成为全希腊之王，并为此目的进行了很多改革。经过改革，马其顿迅速发展成为一个军事强国。

公元前 336 年，腓力二世遇刺身亡，他的儿子亚历山大受军队的拥戴登上王位，时年 20 岁。他决心继承父业，实现其称霸世界的目的。即位之初，人们以为他年轻，不足以实行他父亲的东征计划，事实却证明他是一位军事天才。

亚历山大继承王位之后，即着手仿效希腊人的制度，实行改革。最重要的是军事改革，他创立了包括步兵、骑兵和海军在内的马其顿常备军，将步兵组成密集、纵深的作战队形，号称马其顿方阵，中间是重装步兵，两侧为轻装步兵，每个方阵还配有由贵族子弟组成的重装骑兵，作为方阵的前锋和护翼。

亚历山大通过这些改革，使马其顿迅速成为军事强国。腓力二世被害后，希腊被征服的城邦认为这是摆脱马其顿帝国控制与奴役的天赐良机，纷纷起义暴动，但年轻的亚历山大在短短的两年里就平息了骚乱。为了维持庞大的军队以镇压希腊各城邦的反马其顿运动，为了实现自己征服世界的野心，亚历山大把目光投向了领土辽阔、资料丰富、财富滚滚的波斯。

▼公元前 334 年，亚历山大（中间手持长剑者）率领马其顿骑兵拼命向波斯军队冲锋的情景

入侵波斯

公元前 334 年，亚历山大渡过达达尼尔海峡，开始了长达 10 年的东征之战。亚历山大首先率领部队攻克了小亚细亚，消灭了驻守在那里为数不多的波斯部队。然后他又挥师北上，向叙利亚进军。在伊苏斯城，他打败了波斯王大流士三世，并俘获他的母亲、妻子和两个

女儿。看着大流士豪华的宫殿，亚历山大赞不绝口："这样才像个国王！"

▲公元前 326 年亚历山大的部队同印度军队作战的场面

接着，亚历山大向南进攻叙利亚和腓尼基，又派手下大将攻占了大马士革，从大流士的军械库里获得大量战利品。他亲自率领部队南下，经过 7 个月的艰苦战斗，攻下了推罗城，把推罗城的 3 万居民卖为奴隶。

公元前 332 年，亚历山大切断波斯陆军与海上舰队的联系后，长驱直入埃及，并且自称是太阳神"阿蒙之子"，成为埃及的统治者。在埃及，他亲自勘查设计，在尼罗河三角洲西部，建立亚历山大城，他要它永存人世，作为他伟大战绩的纪念碑。埃及的祭司们为亚历山大加上了"法老"的称号。在庆功的宴会上，亚历山大分外兴奋，他说："英雄的伟大就在于不断开拓疆土，不断增加权力，尽情享受美味佳肴和少女美色。"

公元前 330 年春，亚历山大引兵北上追击大流士，大流士被其部将谋杀，古波斯帝国灭亡了。马其顿军队征服了波斯的全部领土，一个横跨欧、亚、非三洲的亚历山大帝国建立起来了。

东侵之路

尽管吞并了波斯，但是，亚历山大并没有就此止步，他的目的是整个世界。公元前 327 年，亚历山大率军由里海以南地区继续东进，经安息（帕提亚）、阿里亚、德兰古亚那，北上翻越兴都库什山脉，到达巴克特里亚（大夏）和粟特。

公元前 325 年侵入印度，占领印度河流域。他还企图征服恒河流域，但是经过多年远途苦战，兵士疲惫不堪。由于印度人民的顽强抵抗，加之疟疾的传染、毒蛇的伤害，兵士拒绝继续前进，要求回家。亚历山大不得不放弃东进计划，返回波斯。公元前 325 年 7 月从印度撤兵。将近 10 年的亚历山大远征，终于结束了。

亚历山大东征历时 10 年，行程逾万里，灭亡了波斯帝国。在西起巴尔干半岛、尼罗河，东至印度河这一广袤地域，建成幅员空前的亚历山大帝国。在东侵过程中，沿途建了许多新城，有好几座是以他自己的名字命名的，最著名的是埃及北部沿海的亚历山大城，今天已经发展为埃及最大的海港。

帝国瓦解

亚历山大返回波斯的第二年，用了近一年的时间对他的帝国和军队进行改编，这是一次重大的改编。显然亚历山大企图利用这支改编的军队再开展征服活动。他计划侵入阿拉伯与波斯帝国北面的土地，还想再次入侵印度，征服罗马、迦太基和地中海西岸地区。但不幸的是公元前 323 年 6 月，亚历山大突然患恶性疟疾，从发病到生命结束仅 10 天时间，死时还不满 33 岁。亚历山大生前没有指定接班人，死后不久就出现了一场夺权斗争。在这场斗争中，亚历山大的母亲、妻子和孩子都横遭杀身之祸。将领们纷纷拥兵自立为王，横跨欧、亚、非三洲的马其顿王国从此分裂为若干个希腊化的国家。亚历山大庞大的帝国只存在了短短的 13 年。

北大西洋探险

在亚历山大大帝穿越亚洲大陆一直到达印度洋的同时，希腊人毕菲驾驶孤舟，以同样的冒险精神，冲破迦太基人的封锁，从直布罗陀海峡进入大西洋，北上航行，向未知的海域探险。他首先发现了不列颠群岛，然后又北上挪威和冰岛，到达当时人类文明所能达到的最北部地区，进入北极圈。

发现不列颠群岛

古希腊人毕菲是一个古代著名的探险家，他受过教育，精通算术、天文、地理和绘图。公元前4世纪的后25年期间，毕菲绕过了赫拉克勒斯石柱，向西北欧的海岸作了首次远航，在这次航行中发现了不列颠群岛。毕菲的航行大约是在公元前325至前320年间进行的，航行是为马赛的商人店铺购进锡、琥珀和特别昂贵的狩猎用具。

公元前325年3月，毕菲乘着一艘100吨左右的商船，率领20多个水手从马赛起航。毕菲的船粗笨坚固，速度不快，向西航行一段时间后既向南行驶。不久，就看到了峰峦起伏的比利牛斯山，毕菲命令紧贴海岸向前航行，同时密切留意迦太基人的战船。

往前航行了一段时间后，只见一堵石灰岩拔地而起，几乎遮住了半边天，毕菲知道船已经到达了欧洲的赫拉克勒斯石柱，为了不让迦太基人发现，毕菲命令航船躲在一处石壁下，等待天黑再通过海峡。

天黑后，毕菲指挥船员小心翼翼地航行，天亮时，船已经安全驶过了直布罗陀海峡，航行在波涛翻滚的大西洋中。

抵达布列塔尼半岛的卡巴荣角后，毕菲继续向北航行，在英吉利海峡西部辽阔的水

▼希腊地理学家托勒密的世界地图

毕菲的航海日志

　　和其他优秀航海家一样，毕菲在这次航行中也记有详细的航海日志。但由于年代久远，所保存下来的只有只字片语。例如他说，他所到达的最北的地方"太阳落下去不久很快又会升起"，海面上被一种奇怪的东西所覆盖，"既不能步行也无法通航"。由此可见，他确实到了亚北极地区。后来，人们对他这次航行的真伪虽然进行了长时间的争论，但从现在的观点来看，这次航行确实是一次划时代的事件，是功不可没的。

域穿过了该海峡，到达一个大岛的西南海角，他第一次把这个岛命名为不列颠。他登上多山的康沃尔半岛，大约在那里听到过阿尔毕荣这个名称，这个名称后来在全岛传开了。阿尔毕荣按其本身确切的含义是"多山的海岛"。

为了沿着不列颠的西海岸继续前进，毕菲第一次从南到北地穿过爱尔兰海，并穿过北部海峡，驶出了爱尔兰海。在这次横渡航行中，他一定会看到爱尔兰的东北海岸。

毕菲想把全岛画入地图，但是画得面目皆非，把爱尔兰岛画到不列颠岛的北面了。进而他又探察了内赫布里底和外赫布里底群岛中的几个岛屿，同时在不列颠岛的东北角探察了奥克尼群岛的数十个岛屿。

抵达"遥远图勒"

　　在奥克尼群岛以外的地方，毕菲抵达一个海岛，这座海岛位于"从不列颠岛向北航行6天的距离"，接近于"冰海"。毕菲没有给这个海岛以特别的命名，后来这个海岛被载入地理发现的史册中，并命名"遥远图勒"（图勒指极北地区，为古代对冰岛、挪威等地的称呼，或指世界的尽头，神秘的远方），这个名称意味着那里的人们居住的最北部的界限。毕菲本人被人们称为第一个极地航海家。

　　毕菲转头向南航行，经过不列颠岛的沿岸，到达不列颠岛的东南海角的肯特。他正确地把这个岛画成三角形，并尽可能计算出它的各方面的比例是3∶6∶8，但是毕菲几乎把这个岛的长度夸大了两倍。毕菲第一次向人们提供了不列颠岛的自然地形、农业生产和居民生活习惯的准确信息。

　　从肯特出发，毕菲在最窄的水域再次穿过海峡，沿大陆海岸向东北航驶。然而，他在那里很少有收获。人们仅知道，他在大海中看到了一系列无人居住的海岛（弗里西亚群岛），并到达克勒特人居住区的尽头和西徐亚人领地的边缘。人们相传有两个西徐亚人的部落名称：一个已变得无法辨认了（古东人），另一个叫条顿人。后一名称证实毕菲已经到达日耳曼人所居住的海岸。条顿人在一座名叫阿巴尔的海岛上收获琥珀，该岛离海岸有一天航程。

　　毫无疑问，毕菲曾在不列颠居住过，并从当地居民那里打听到不列颠以北存在着有人居住的陆地（如果他未航行到图勒），这片陆地离不列颠有几天的路程。随着人们对北大西洋认识的深入，"遥远图勒"移到靠北和靠东更远的地方去了。20世纪初年，人们把奥克尼群岛或设得兰群岛当作"遥远图勒"，后来又把冰岛和法罗群岛作为"遥远图勒"，最后认为格陵兰的东北海岸是"遥远图勒"。

伊本·巴图塔

▲早期阿拉伯旅行者的叙述中，总是充满了各种奇异的动物

▲去麦加朝圣的商旅队，伊本·巴图塔就是跟随这样的商队去麦加

公元 7 世纪，阿拉伯帝国控制了东西方贸易的通道。阿拉伯人重视商业和航海，他们在中世纪起到了联结东西方贸易的桥梁作用。阿拉伯商人和船队西到西班牙、北非，东到东非、印度、马六甲、爪哇、苏门答腊，远到中国和日本。他们深入到撒哈拉沙漠以南的非洲地区，并越过了赤道。由于展开了广泛的商业交往，阿拉伯人在 9—14 世纪为中世纪的世界培养出大批闻名于世的旅行家和地理学家。最著名的地理学家是旅行商伊本·巴图塔。按出身他是柏柏尔人，生于丹吉尔城（西北非洲）。他是历代各民族最伟大的旅行家之一。

迷上旅行

伊本·巴图塔年轻的时候受过良好的法学和文学的教育，还受过法官的专业训练。但是，当他 21 岁的时候，一次前往麦加朝圣的行程，使他改变了初衷。

1325 年，他沿着北非海岸旅行，穿过现今摩洛哥、阿尔及利亚、突尼斯、利比亚和埃及的国土，到达开罗。从开罗到麦加有三条路线，巴图塔选择了最短但是最不常用的那一条，即溯尼罗河而上，从今日苏丹的苏丹港过红海去麦加。就在他到达苏丹的时候，当地爆发了针对埃及马穆鲁克统治者的叛乱，于是巴图塔只得折回开罗。在路上，据说他碰到了一位"圣人"，预言他除非先去叙利亚，否则永远到不了麦加。这样，巴图塔就决定先去大马士革，沿途参拜耶路撒冷等圣地后再转向去麦加。

在大马士革度过斋月后，巴图塔顺利地同一支商队抵达了麦地那和麦加，完成了朝圣。名胜、风土、民情……一个地方有一个地方的样，如此丰富多彩，他不愿意回家了，从此开始了他的旅游生活。

巴图塔开始走的地方，主要是阿拉伯世界。因为在这些地区旅游，既无语言的障碍，风俗习惯也颇接近，所以容易获得食宿的方便。但是，随着他旅游中眼界的开阔，各地奇风异俗的吸引，使他愈来愈渴望着见到更多的新的地区。

开始旅行生涯

到达麦加后，巴图塔逗留了两年之久，此次停留无疑是为了经商。他沿海岸南行到达也门，然后从那里乘船渡海抵达莫桑比克海峡。在返回时，伊本·巴图塔取道海路经过桑给巴尔岛到达霍尔木兹，他在巴林群岛和南伊朗作了停留之后返回埃及。然后他穿过叙利亚和小亚细亚到达黑海的锡诺普城，又渡海来到克里米亚的南岸地区。

1333 年，他离开此地后前往金帐鞑靼帝国的首都萨莱（今伏尔加河下游），此城坐落在伏尔加河下游的阿赫图巴河上游地区。在此他已经成了一个富商。他向北行进到博尔加尔城，此行大约是为了收购毛皮。

▲阿拉伯的商船

伊本·巴图塔陪同鞑靼人的使团从萨莱出发到达君士坦丁堡。返回萨莱后，他很快动身前往花剌子模。经过 40 天的旅程，伊本·巴图塔穿过了里海低地和乌斯秋尔特荒芜的高原地带，来到乌尔根奇城。从这座城出发又经过了 18 天的旅行后抵达布哈拉。访问了撒马尔罕后他向南行进，渡过阿姆河，翻过兴都库什山脉，进入印度河中游的谷地。此后他穿过旁遮普省区到达德里。

他在德里度过了多年，他既是商人又是德里苏丹的官员，德里苏丹当时统治着几乎全部北印度地区。1342 年，德里苏丹派遣伊本·巴图塔前往中国，但是他在行至南印度的路途上遭到抢掠。在没有转为马尔代夫群岛的穆斯林统治者服务以前，他在马拉巴尔海岸上忍受饥寒度日。

他好不容易搞到一些资金后才航行至锡兰岛。然后从锡兰岛出发，沿着人们所熟悉的商路航道前往中国的商业都市泉州，13—14 世纪泉州城设有阿拉伯人规模宏大的商栈。伊本·巴图塔在中国逗留期间曾去过北京。1349 年，他返回时仍然沿着前来中国的航线：从泉州启程驶向锡兰岛，再由锡兰岛出发经过马拉巴尔、阿拉伯、叙利亚和埃及返回丹吉尔。此后，他还去过西班牙。

回国后伊本·巴图塔定居于摩洛哥的首都非斯城。他曾陪同非斯苏丹的使团到达尼日尔河旁的廷巴克图城，这就是说，他穿过西撒哈拉沙漠沿尼日尔河的中段航行过。1354 年，返回非斯城的旅途中，他穿过了阿哈加尔高原地区，就是说，他穿过了中撒哈拉沙漠。伊本·巴图塔到此结束了自己的漫游生涯。

《伊本·巴图塔游记》

《伊本·巴图塔游记》一书被译成欧洲的多种文字，在这本书里概括了地理、历史和人种学的大量资料。时至今日，这本书对研究伊本·巴图塔所游历过的国家的中世纪历史，其中包括苏联广大地区的中世纪历史，仍有参考价值。伊本·巴图塔在这本书中所说的一切都是他耳闻目睹的事实，他在书中所列举和记述的大部分情况已被当代许多历史学家的考察所证实。至于他收集有关一些遥远国家道听途说的情况，尽管有许多虚构的成分，但也值得历史学家借鉴。

维京人的探险发现

在中世纪中叶之前的几个世纪里，有一支来自北方的民族纵横欧洲；在大航海时代来临的几百年前，就曾有一个民族的船队到达了美洲；公元9世纪之前，北大西洋上的冰岛和格陵兰岛都还是未开发的土地，直到他们被这个民族发现；他们是航海家，也是侵略者；是商人，也是海盗；是出色的水手，也是英勇的战士；这个民族，是英雄和战斗的民族，它的名字，叫作维京。维京民族，一个似乎只在传说中存在的民族，然而却真实地存在着，存在于斯堪的纳维亚的风雪和严寒中。

向四面八方侵掠

公元8世纪之前，斯堪的纳维亚半岛只有200万居民，随着气候逐渐变暖，农作物产量的提高，人们的身体更加强壮，老人和新生儿的死亡率降低，此外，由于维京的婚姻习俗是一夫多妻制，因此人口的增长速度很快。随着人口数量的提高，斯堪的纳维亚

▲维京人的龙船

半岛的土地就显得十分贫乏了，大量的年轻人没有工作，不得不出外谋生。维京人还有一个法律传统，就是流放犯人。除了以上社会因素外，维京人的性格也是使他们成为后来的海上掠夺者的重要因素。由于生存环境恶劣，维京人的性格十分坚强、勇猛，他们崇尚英雄，维京人还喜欢冒险与游历。因此，在以后的几个世纪里，大量的维京人离开斯堪的纳维亚半岛，从海上向欧洲的其他地区进发，不过并不是迁徙，而是掠夺与征服。欧洲的黑暗时代再次来临。

维京人从自己的海岸出发，向四面八方侵掠。他们向东挺进，穿过波罗的海，抵达里加湾和芬兰湾，利用古代俄罗斯的商道，沿东欧河流到达黑海，然后穿过黑海，航行到拜占庭帝国。维京人向北航行，绕过斯堪的纳维亚半岛，到达白海。向西航行，他们是第一批穿过大西洋的人们，并把冰岛变成殖民地。他们发现了格陵兰，访问了美洲大陆的东北海岸。他们在大不列颠的北部和东部海岸、马恩岛和英格兰的东部站稳了脚跟，并两次占领了英国。在现今法国的领土上，维京人在塞纳河下游巩固了自己的阵地，在诺曼底半岛和诺曼底群岛也部署了自己的防御工事，隶属于法国的维京人从这里出发，第三次，也是最后一次占领了英国。

维京人抢掠和毁坏了比利牛斯半岛的大西洋沿岸区，他们穿过直布罗陀海峡进入地中海，抢夺了南欧地区，一直行进到西西里岛和南意大利。在那里，他们遇到了为拜占庭帝国服务的同胞们，那些同胞是从君士坦丁堡派出的。维京人沿东欧的河道来到那里，因此由瓦利亚基人变成了希腊人。这样一来，9—11世纪期间，维京人的航道环绕整个中欧、西欧和南欧地区。

维京人建造航船

维京人在冬天建造或者修补他们的船只，通常在露天建造，偶尔会搭个工棚。船身和船桨用橡木制造，桅杆用松木，可以在大风中适度地弯曲。先用整条原木加工成龙骨，以保证强度。弯曲的头尾单独加工，然后用铁钉固定到龙骨的两端。接着在龙骨上架好横梁，就完成了整条船的轮廓。沿着轮廓在船的两侧铺上蒙板。这种整条的木板层层相楔，上面一层刚好覆盖住下面一层的边缘。最上层的蒙板开凿了若干小孔，5米长的木桨从孔中伸出。最后铺上地板，架上桅杆，在桅杆顶上装上金属制的风向标。橹则安装在船体后部的右侧。船帆的两侧挂上麻绳编制的网，防止船帆在强风中被撕裂。这样的船最常见，全长20米左右。

伟大的航海家

除了海盗和征服者之外，维京人也是伟大的航海家。

815年，维京人发现了冰岛。冰岛位于北大西洋，远离欧洲大陆，虽然地处高纬，但是由于受北大西洋暖流的影响，岛上的气候比起斯堪的纳维亚半岛要温暖。岛上遍布火山，但是山谷和平原的土壤肥沃，适宜耕种。树林茂密，铁矿丰富，沿海的鱼类众多，是个适宜居住的地方。因此在以后100多年内，大量维京人进入冰岛定居。

但是，由于冰岛本来地域狭小，而且适宜居住和耕种的土地不多，随着人口的大量涌入，岛上的资源显得贫乏了。这促使维京人必须去更远的地方，征服新的土地。

982年，维京人的头领红发埃里克因谋杀罪被判处流放3年，埃里克乘船向西，发现了一块新的土地，他将这块土地命名为"格陵兰岛"，意即"绿色之地"。埃里克回到冰岛后，赞颂这片土地的神奇，许多维京人决定前往这个"绿色之地"定居。986年，第一批500人乘坐25艘满载牲畜和生活必需品的船只向格陵兰岛进发，15艘船到达目的地，而其余10艘则被风暴吞噬。

但是，格陵兰岛纬度太高，21.8万平方千米的土地上只有9万平方千米的面积没有冰层，而且岛上铁矿稀缺，木材不足，使得维京人很快陷入困境。直到11世纪初，岛上只有3000人，生活在300多个农庄里。

992年，红发埃里克的儿子埃里克森率领35名男子离开格陵兰岛，起航向西航行去寻找新的土地。埃里克森发现了美洲，到达加拿大东部的拉布拉多海岸，并向南到达纽芬兰岛。次年，埃里克森返回格陵兰岛，并宣布了他的发现。

此后，也有几支维京人的船队到达新大陆，不过由于和当地的印第安人发生冲突，不得不离开那片土地。直到大航海时代的到来，哥伦布再次"发现"了这片新大陆。

▼1000年，红发埃里克装备了一支探险队，向西航行而去

克里斯托弗·哥伦布
（Christopher Columbus）
(1451 – 1506)

第二章

地理大发现

　　地理大发现是指欧洲一些国家的航海家和探险家在 15 世纪至 17 世纪为了另辟直达东方的新航路，探察当时欧洲人不曾到过的海域和陆地的一系列航海活动。它是地理学发展史中的重大事件。在这些航海家和探险家中，最著名的当属绕过好望角到达印度的达·伽马、发现美洲的哥伦布和进行首次环球旅行的麦哲伦。需要指出的是，所谓"大发现"是以当时欧洲人的眼光，而非人类历史上真正的第一次发现。

　　1453 年，东罗马帝国首府君士坦丁堡被奥斯曼土耳其人所攻陷，从此整个中东及近东地区，全部成了穆斯林的天下。由于君士坦丁堡的特殊地理位置，欧洲人从此不能再像他们的前辈那样通过波斯湾前往印度及中国，也不能再直接通过这个位于博斯普鲁斯海峡的巨大港口来获得他们日益依赖且需求量巨大的香料。欧洲人必须找到一条新的贸易路线，直接从香料群岛获得香料的资源。

　　新航路的开辟最早是从葡萄牙人开始的。葡萄牙人占领了非洲西北的休达城，到达加纳、刚果和安哥拉。随后迪亚士的船队达到非洲最南端的好望角，1497 年，达·伽马的船队绕过好望角，穿过印度洋，抵达印度，成功开辟了通往东方的航路。

　　在葡萄牙积极出海探险的同时，西班牙也不甘示弱。1492 年，哥伦布得到西班牙国王的批准和资助，率领 3 艘海船出航。经过艰苦航行，到达西印度群岛。后来经过亚美利哥的考察，他认为哥伦布到达的不是印度，而是一块新大陆。

　　西班牙航海家巴尔波亚发现"南海"后，人们认为从西航行同样可以到达东方。于是，葡萄牙航海家麦哲伦横渡大西洋，沿南美洲东岸南下，通过大陆与火地岛之间的海峡，进入"南海"。1521 年，麦哲伦船队抵达菲律宾群岛，实现了人类历史上第一次的环球航行。

　　葡萄牙和西班牙对新大陆的发现，都宣布自己的探险队最先到达的地方为本国领土，两国因此争执不断。之后，荷兰、英国、法国接踵而至，几乎将欧洲以外的土地瓜分殆尽。对于新大陆的瓜分，导致了印第安人被大肆屠杀，非洲黑人大批贩卖，黄金、白银、香料等不断运回欧洲。同时，地理大发现也促进了资本主义的发展。而且地理大发现促进了科学技术的进步。

《马可·波罗游记》

马可·波罗的中国之行及其游记，在中世纪时期的欧洲被认为是神话，被当作"天方夜谭"。但《马可·波罗游记》却大大丰富了欧洲人的地理知识，打破了宗教的谬论和传统的"天圆地方"说；同时《马可·波罗游记》对 15 世纪欧洲的航海事业起到了巨大的推动作用。意大利的哥伦布、葡萄牙的达·伽马、英国的约翰逊等众多的航海家、旅行家、探险家读了《马可·波罗游记》以后，纷纷东来，寻访中国，打破了中世纪西方神权统治的禁锢，大大促进了中西交通和文化交流。因此，可以说，马可·波罗和他的《马可·波罗游记》给欧洲开辟了一个新时代。

马可·波罗父辈的远足

科尔丘拉岛，又译考库拉岛，是克罗地亚达尔马提亚省的一个岛屿，面积270多平方千米，地处克罗地亚的最南端。这里阳光明媚、海水清澈，科尔丘拉古城在海水的映衬下更显得威严坚固。这里曾诞生过一位伟大的人物，也就是我们大家都熟悉的著名的意大利旅行家——马可·波罗。

马可·波罗的父亲尼古拉·波罗和叔父玛飞·波罗是有名的远东贸易商人，同时也是天主教徒，兄弟俩常常到国外去做生意。1255 年他们带了大批珍宝，到钦察汗国做生意。后来，那儿发生战争，他们又到了中亚细亚的一座城市——布哈拉，在那儿住了下来。他们两人开始时并非想去中国。但是一路战事不断，在 1264 年碰到元朝派往西方的使者，决定到中国。

忽必烈的使者经过布哈拉时，见到这两个欧洲商人，感到很新奇，对他们说："咱们大汗没见过欧洲人。你们如果能够跟我们一起去见大汗，保能得到富贵；再说，跟我们一起到中国去，再安全也没有了。"

尼古拉兄弟本来是喜欢到处游历的人，听说能见到中国的大汗，怎么不愿意？两人就跟随使者一起到了上都（今内蒙古自治区多伦县西北）。忽必烈听到来了两个欧洲客人，果然十分高兴，在他的行宫里接见了他们，问这问那，特别热情。

尼古拉兄弟没准备留在中国，忽必烈从他们那儿听到欧洲的情况，要他们回欧洲跟罗马教皇捎个信，

▼马可·波罗的父亲和叔父

▲马可·波罗

请教皇派人来传教。两人就告别了忽必烈，离开中国。在路上走了3年多，才回到威尼斯。那时候，尼古拉的妻子已经病死，留下的孩子马可·波罗，已经是15岁的少年了。

马可·波罗的亚洲之旅

波罗兄弟回家后，小马可·波罗天天缠着他们讲东方旅行的故事。这些故事引起了小马可·波罗的浓厚兴趣，使他下定决心要跟父亲和叔叔到中国去。

1271年，马可·波罗17岁时，父亲和叔叔拿着教皇的复信和礼品，带领马可·波罗与十几位旅伴一起向东方进发了。

他们从威尼斯进入地中海，来到巴勒斯坦，接着从阿克城出发转道抵达亚历山大勒塔湾的阿亚什城。然后穿过小亚细亚的中部地区和亚美尼亚高原，从此他们转身向南走去，到达库尔德斯坦。然后他们沿底格里斯河河谷顺水而下，经过摩苏尔和巴格达城到达巴拉香。再往前，这些威尼斯人大约是向北行进，来到大不里士，然后从东南穿过伊朗，到达霍尔木兹。

然而，这时却发生了意外事件。当他们在一个镇上掏钱买东西时，被强盗盯上了，这伙强盗乘他们晚上睡觉时抓住了他们，并把他们分别关押起来。半夜里，马可·波罗和父亲逃了出来。当他们找来救兵时，强盗早已离开，除了叔叔之外，别的旅伴也不知去向了。

马可·波罗和父亲、叔叔来到霍尔木兹，一直等了两个月，也没遇上去中国的船只，只好改走陆路。这是一条充满艰难险阻的路，是让最有雄心的旅行家也望而却步的路。他们从霍尔木兹向东，越过荒凉恐怖的伊朗沙漠，跨过险峻寒冷的帕米尔高原，一路上跋山涉水，克服了疾病、饥渴的困扰，躲开了强盗、猛兽的侵袭，终于来到了中国新疆。

▼马可·波罗一家离开威尼斯

马可·波罗他们继续向东，穿过塔克拉玛干沙漠，来到古城敦煌，瞻仰了举世闻名的佛像雕刻和壁画。接着，他们经玉门关见到了万里长城。最后穿过河西走廊，终于

到达了上都——元朝的北部都城。这时已是 1275 年的夏天，距他们离开祖国已经过了 4 个寒暑了！

马可·波罗的父亲和叔叔向忽必烈大汗呈上了教皇的信件和礼物，并向大汗介绍了马可·波罗。大汗非常赏识年轻聪明的马可·波罗，特意请他们进宫讲述沿途的见闻，并携他们同返大都，后来还留他们在元朝当官任职。

马可·波罗和他的父亲、叔父在中国居留 17 年之久。马可·波罗在大汗皇帝的朝廷任职期间，显然数次沿不同的路线走过中国的东部地区。当时在中国旅行不会遇到任何困难，特别是作为忽必烈的信使，更无困难可言。全国设有组织严密、服务周到的交通站——马驿站和步驿站。

马可·波罗引发的争议

从《马可·波罗游记》一书问世以来，700 年来关于他的争议就没有停止过，一直不断有人怀疑他是否到过中国，《游记》是否伪作。早在马可·波罗活着的时候，由于书中充满了人所未知的奇闻逸事，《游记》遭到人们的怀疑和讽刺。关心他的朋友甚至在他临终前劝他把书中背离事实的叙述删掉。之后，随着地理大发现，欧洲人对东方的知识越来越丰富，《游记》中讲的许多事物逐渐被证实，不再被视为荒诞不经的神话了。但还有人对《游记》的真实性发生怀疑。直到 19 世纪初，学术界开始有人站在学者的角度批判此书，并质疑马可·波罗，认为他根本没有到过中国，他的《游记》也是捏造之作。

按马可·波罗的书里所提供的资料可以比较准确地断定，他漫游中国有两条主要路线：一条是东行路线，即沿海向南行驶，经过中国北部、中国中部和南部到达杭州和泉州；另一条是西南行路线，即向西南进发，到达西藏东部地区和与这个地区相毗邻的地方。马可·波罗每到一处，总要详细地考察当地的风俗、地理、人情。

环绕南亚的航海及返回祖国

17 年很快就过去了，马可·波罗越来越想家。1292 年春天，马可·波罗和父亲、叔叔受忽必烈大汗委托护送两位公主前往伊尔汗（一个中国公主，一个蒙古公主，蒙古公主名叫阔阔真，中国公主无名）成婚。他们趁机向大汗提出回国的请求。大汗答应他们，在完成使命后，可以转路回国。

中国的船队拔锚起航，向西南行驶，穿过南中国海。在这次航行期间，马可·波罗听到了有关印度尼西亚的情况，即在南中国海上"有 7448 个海岛"的传说，然而他仅仅抵达苏门答腊岛，在此岛上停留了 5 个月之久。他们在北部海岸登陆，并且建造了一些木头营房，因为他们惧怕当地岛民，听说这些岛民像野兽一样地吃人肉。

从苏门答腊岛出发，中国船队路经尼科巴群岛和安达曼群岛向斯里兰卡岛驶去。离开斯里兰卡后，中国的航船沿西印度斯坦和伊朗南岸继续行进，穿过霍尔木兹海峡，进入波斯湾。

1294 年，经过 3 年多的航行，这些威尼斯人把公主们护送到伊朗。1295 年末，他们三人终于回到了阔别 24 载的亲人身边。他们从中国回来的消息迅速传遍了整个威尼斯，他们的见闻引起了人们的极大兴趣。

狱中口述《马可·波罗游记》

回到祖国后没有多久，威尼斯和另一个城邦热那亚发生冲突，双方的舰队在地中海里打起仗来。马可·波罗自己花钱买了一条战船，亲自驾驶，参加威尼斯的舰队。结果，威尼斯打了败仗，马可·波罗被俘，关在热那亚的监牢里。

热那亚人听说他是个著名的旅行家，纷纷到牢监里来访问，请他讲东方和中国的情况。跟马可·波罗一起关在监牢里有一个名叫鲁思梯谦的作家，把马可·波罗讲述的事都记录了下来，编成一本书，这就是著名的《马可·波罗游记》（又名《马可·波罗行纪》《东方闻见录》）。

《马可·波罗游记》共分四卷，第一卷记载了马可·波罗诸人东游沿途见闻，直至上都止；第二卷记载了蒙古大汗忽必烈及其宫殿、都城、朝廷、政府、节庆、游猎等事，自大都南行至杭州、福州、泉州及东地沿岸及诸海诸洲等事；第三卷记载日本、越南、东印度、南印度、印度洋沿岸及诸岛屿，非洲东部；第四卷记君临亚洲之成吉思汗后裔诸鞑靼宗王的战争和亚洲北部。每卷分章，每章叙述一地的情况或一件史事，共有229章。书中记述的国家，城市的地名达100多个，而这些地方的情况，综合起来，有山川地形、物产、气候、商贾贸易、居民、宗教信仰、风俗习惯等，国家的琐闻佚事、朝章国故也时时夹杂其中。

1299年，马可·波罗被释放，返回威尼斯。传记作家们所引用的有关他此后生活情况的全部资料几乎全是一些传闻。这些传闻一部分是16世纪产生的，而14世纪里关于马可·波罗本人的历史和家庭情况的文献流传至今的很少。已经得到证实的是马可·波罗直到晚年仍旧是一个自食其力的人，远非一个富有的威尼斯公民。他于1324年逝世。

◀企鹅出版社出版的《马可·波罗游记》

控制东西方商路

　　奥斯曼帝国占领地中海东部沿岸地区和君士坦丁堡以后，控制了亚欧商路。传统的东西方贸易虽尚未完全中断，但是长期的战争，以及帝国政府对过往商旅强征苛捐杂税，破坏了地中海区域原来的商业秩序和环境，迫使欧洲商人另行寻找通往东方的新航路。

奥斯曼的崛起

　　奥斯曼国家是古代土耳其人在小亚细亚（今土耳其境内）建立的国家。古代土耳其人在中国历史上又称突厥人，自汉代始世世代代居住在中国北方，遂与我国中原地区汉民族往来日趋密切。583 年，东西突厥分立，古代土耳其人划归西突厥的一支，他们以"畜牧为事，随逐水草"。

　　13 世纪初迁居小亚细亚，附属于鲁姆苏丹国，在萨卡利亚河畔得到一块封地。1293年，酋长奥斯曼一世乘鲁姆苏丹国瓦解之际，打败了附近的部落和东罗马帝国，自称埃米尔，独立建国。

▼奥斯曼的亲兵是帝国的步兵精锐，他们穿着特别花哨艳丽的军装，图中特别夸张的头饰也许只有在礼仪场合才能看到

　　1324 年，他们夺取东罗马帝国的布鲁萨，并定都于此。从此被称为奥斯曼帝国，这支土耳其人也被称为奥斯曼土耳其人。

　　奥斯曼帝国真正大举扩张是在奥斯曼的儿子乌尔汗统治时期。当时，奥斯曼帝国有着良好的扩张条件，拜占庭帝国已经衰落，罗姆苏丹国也已经分裂。奥斯曼帝国首先占据了原来罗姆苏丹国的大片地区，并以此为基础，开始大规模地向欧洲扩张。

　　乌尔汗的儿子穆拉德一世在位时，欧洲联军开始进攻奥斯曼军队，但由于奥斯曼军队在数量上占有优势，联军终于被打败。这一胜利震动了欧洲各国的统治者，欧洲各国为了拯救拜占庭帝国，派出了援军。

　　1396 年，在多瑙河畔的尼科堡战役中，奥斯曼军队一举打败了欧洲联军。从此，欧洲人只能眼睁睁地看着奥斯曼帝国扩张。于是，巴尔干半岛逐渐落入奥斯曼帝国的版图，拜占庭帝国危在旦夕。

　　就在此时，中亚的帖木儿帝国强大起来，并开始向小亚细亚扩张，奥斯曼帝国的

▲攻陷君士坦丁堡

地方割据势力也趁机抬头，苏丹的四个儿子之间开始了争夺王位的战争，新征服地区的人民也趁机掀起反抗运动，奥斯曼帝国处于严重的危机之中，不得不推迟了向欧洲的扩张。15世纪初期，奥斯曼帝国曾一度衰落。

攻陷君士坦丁堡

1451年，穆罕默德二世即位后，奥斯曼中兴。他做了两年的准备后，于1453年开始围攻君士坦丁堡。君士坦丁堡三面临海，另一面有坚固城墙，易守难攻，城墙、"希腊火"和金角湾口大铁链是其护城三大法宝。54天的围攻由于金角湾方面未能合围而失败。

4月21日夜，奥斯曼人买通热那亚人（守城部队一部分）并沿其控制的加拉塔区边界铺设一条15千米长的木板滑道，把70艘小船从陆路拖入金角湾，终于完成了对君士坦丁堡的海陆合围。经过激烈的战斗，奥斯曼军队终于在5月29日攻下君士坦丁堡，拜占庭末帝被杀。无数财宝被抢劫，古典文化惨遭破坏，6万居民被卖为奴。

土耳其人攻陷该城之后，穆罕默德二世将君士坦丁堡作为新的首都，改名为伊斯坦布尔。拜占庭帝国的灭亡，使东欧失去了屏障。奥斯曼帝国继续扩张，占领了中亚地区大片的领土。

对东西商路的控制

早在15世纪前，欧洲和亚洲就有贸易往来。地中海东岸是东西方贸易的中转站。当时东方的香料、丝绸等在欧洲市场很受欢迎，是上流社会的生活必需品。但经过阿拉伯人和意大利人的转手，价格一抬再抬，成为昂贵的奢侈品。当时的东西方贸易基本上被意大利人和阿拉伯商人所垄断。

15世纪中叶奥斯曼帝国兴起后，占领了巴尔干半岛和小亚细亚地区，不久又占领了克里米亚，控制了东西方间的传统商路，对往来于地中海区域的欧洲各国商人横征暴敛，百般刁难，因此，运抵欧洲的商品，数量少且价格高，而欧洲上层社会把亚洲奢侈品看作生活必需，不惜高价购买，这种贸易造成西欧的入超，大量黄金外流，于是西欧各国贵族、商人和资产阶级急切地想绕过地中海东部，另外开辟一条航路通往印度和中国，从亚洲直接获得大量奢侈商品。

东西方的三条商路

东方通往西方的道路原来有三条：一条陆路，由中亚沿里海、黑海到达小亚细亚；两条海路，即由海路入波斯湾，然后经两河流域到地中海东岸叙利亚一带、或先由海路至红海，然后由陆路到埃及亚历山大港。

西欧大航海时代

葡萄牙国王若奥一世的三王子亨利虽然一生中只有4次海上航行经历，而且都是在熟悉海域的短距离航行，但他仍无愧于"航海家"的称号，是他组织和资助了最初持久而系统的探险，也是他将探险与殖民结合起来，使探险变成了一个有利可图的事业。在40年的有组织的航海活动中，葡萄牙成了欧洲的航海中心，他们建立起了世界上第一流的船队，拥有第一流的造船技术，培养了一大批世界上第一流的探险家或航海家，如果没有亨利，这一切是不可能出现的。他推动了葡萄牙迈出了欧洲的大门，到未知世界进行冒险。

▲亨利王子

亨利王子

亨利生于1394年，是葡萄牙国王裘安一世的第三个儿子。他自幼从出身于英格兰王族的母亲那里接受了宗教和一般教育，从父亲那里学习武艺和承继了中世纪的骑士精神。正因如此，亨利不安于宫廷生活，而是向往获得骑士的资格。

后来在财政大臣的提议下，他力劝父王以海军突袭北非摩洛哥的休达港。在战斗准备阶段，亨利奉命负责造船和招募船员。葡萄牙人于1415年8月15日经过一天激战就占领了休达。这是世界史上资本主义早期殖民侵略的第一战。亨利以在此次血腥战斗中建立的功劳而被封为骑士。

1417年，摩尔人的军队包围了休达，亨利又率领援兵来到休达，并在那里度过了3个月。这是改变世界历史的3个月，在这3个月里，亨利从战俘和商人口中了解到，有一条古老而繁忙的商路可以穿过撒哈拉大沙漠，经过20天就可以到达树林繁茂、土地肥沃的"绿色国家"，即今天的几内亚、冈比亚、塞内加尔、马里南部和尼日尔南部，从那里可以获得非洲胡椒、黄金、象牙。葡萄牙人对陆路穿过沙漠是没有经验的，亨利王子有了一个大胆的想法，要从海路到达"绿色国家"。这一主张得到了国王裘安一世的赞同。

▼亨利王子正在为探险做准备

为探险做准备

亨利对政治毫无兴趣，他到远离政治中心里斯本的葡萄牙最南部的阿加维省任总督，并在靠近圣维森特角的一个叫萨格里什的小村子定居下来，这个地方成了他以后几十年中到陌生地方进行探险的出发地。

亨利王子对航海的贡献不是亲自去探

险，而是大力推动探险的进行。他在那里创办了一所航海学院，培养本国水手，提高他们的航海技艺；设立观象台，网罗各国的地学家、地图绘制家、数学家和天文学家共同研究，制订计划、方案；广泛收集地理、气象、信风、海流、造船、航海等种种文献资料，加以分析、整理，为己所用；建立了旅行图书馆，其中就有《马可·波罗游记》，还收集了很多地图，并且绘制新的地图。他资助数学家和手工艺人改进、制作新的航海仪器，如改进

▼葡萄牙人的小吨位轻快帆船

从中国传入的指南针、象限仪（一种测量高度，尤其是海拔高度的仪器）、横标仪（一种简易星盘，用来测量纬度）。

　　在航海中，船只是最为重要的，由于地中海和大西洋的航行条件不同，在地中海中航行的船是不适合在大西洋中航行的，因此，亨利的最大精力放在了造船上，为此他采取了许多优惠措施鼓励造船：建造100吨以上船只的人都可以从皇家森林免费得到木材，任何其他必要的材料都可以免税进口。

发现马德拉群岛和亚速尔群岛

　　1419年，亨利派出了他的第一支仅有一艘横帆船的探险队开始对非洲西海岸的探险，这支探险队由葡萄牙的两个贵族率领，目的地是博哈多尔角。由于他们是非常缺乏经验的水手，所以被风暴推到遥远的西方，偶然间登上了一座无人居住的海岛。岛上覆盖着森林。在这些树木中最珍贵的要算龙树了。

　　亨利对这一发现很感兴趣，他知道，早在14世纪中期意大利的海员们曾在这个海域到达过一个海岛，他们把该岛命名为林亚米（森林之岛）。亨利向该岛派出了一个探险队，这个探险队仍由那两个贵族率领。他们在西南50千米处发现了一个大岛，它也是一个森林密布、无人居住的海岛。亨利王子把这个岛命名为马德拉岛（马德拉在葡语中的意思是"森林"）。

　　亨利把这个远离葡萄牙本土西南约900千米的马德拉岛奉送给这两个偶然发现它的幸运的贵族，并封为他们的领地。他们在这个岛上烧毁森林，开辟居住地，但火渐渐烧遍全岛，毁坏了这里原始的林木。葡萄牙的殖民地开发就这样开始了。

　　1431年和1432年，亨利王子派遣卡布拉尔去寻找14世纪意大利人在西方发现的岛屿，卡布拉尔朝这个方向航行过两次。卡布拉尔在离葡萄牙约1400千米的西方发现了一个圣玛利亚岛，此岛是亚速尔群岛的一个岛。

◀亚速尔群岛的古地图

越过"黑暗的绿色海洋"

1433 年，国王裘安一世逝世，亨利的弟弟继位。亨利这时把主要精力放在沿非洲海岸南下的探险上。在这条航线上首要的障碍就是位于加那利群岛正南方非洲大陆上的博哈尔角。博哈尔角以南对于当时的欧洲人来说是一个全然未知的世界，那里暗礁密布，巨浪滔天，有神秘莫测的急流，阿拉伯人把这片海域恐惧地称为"黑暗的绿色海洋"。中世纪阿拉伯地图上，在博哈尔角稍南的海岸边，画着一只从水里伸出来的魔鬼撒旦的手。

1434 年，在经过十几次的尝试后，亨利王子的远征队终于在船长吉尔·埃亚内斯率领下越过了该角。后来船长吹嘘说，在黑暗的绿色海洋上航行就像在国内的水域上航行那么容易。

1435 年，亨利又派埃亚内斯带一支探险队出航。在经过博哈尔角继续航行 320 千米后登陆，发现了人与骆驼的足迹。亨利命他再次去此地时俘虏几个土著来，以便了解当地的情况。但这一次没有抓住人，却捕杀了大批海豹，带回了海豹皮。这是葡萄牙人航海探险第一次从非洲带回的有价值的"实惠"商品。

▼葡萄牙人的探险大船，正是这种大船成就了他们的航海伟业

发现布朗角和塞内冈比亚

过了整整 6 年时间，即到了 1441 年，亨利重新开始了非洲沿岸探险。这一年探险队创造了向南航行的新纪录：布朗角（今毛里塔尼亚的努瓦迪布角）。

同年，派出的另一支探险队带回来 10 个穆斯林俘虏。这标志着欧洲人开始卷入奴隶交易。亨利觉得有利可图，于是在 1444 年组织了以掠夺奴隶为目的的航行，一次带回来 235 名奴隶，并在拉古什郊外出售，这是罪恶的欧洲 400 年奴隶贸易的开始。此后，亨利组织的航行就是探险、殖民与奴隶贸易并重了。

捕捉奴隶加快了对西非海岸进一步发现的速度。由于害怕葡萄牙人，热带地区的居民们离开海岸逃往内地。奴隶贩卖商不得不继续向南前进，到那些还没有触动

▲探险者与土著人发生激烈的冲突

过的新的海岸去。

1445年，被派往西非的船有26只，其中一部分船是由兰萨波迪率领的。参加兰萨波迪探险活动的有努尼尤·特利什坦和迪尼什·迪亚士船长，他们在向南推进过程中完成了一些重要的发现：特利什坦发现了塞内加尔河的河口，迪亚士远远绕过向西突出的海角（非洲的西部顶端），他把这个海角命名为佛得角（绿色角），因为这是撒哈拉之南第一个生长着棕榈树的据点。

从塞内加尔河河口起，葡萄牙人在沿海地区遇到了真正的黑人，然而，他们在稍北的地区所见到的是源自阿拉伯人和柏柏尔人的各种部族的人。这些身体健壮、被人称之为塞内加尔的黑人，在奴隶市场上的卖价比摩尔人要高得多。

1446年，为了捕捉奴隶，特利什坦向南推进到北纬12°线，发现了比扎戈斯群岛和该群岛以东科贡河河口对面的特利斯坦岛。

发现佛得角群岛

亨利晚年唯一的重大地理历史事件是偶然地发现了佛得角群岛，这个发现是由威尼斯探险商人卡达莫斯托完成的。他以一般的条件取得了亨利王子的批准。1455年，他派出了两艘船，完成了前往冈比亚河河口区的航行，返回葡萄牙时他们带回了一大批奴隶。

1456年，卡达莫斯托又重新装备了两只船，亨利给他派去了一艘葡萄牙船作为第三艘船。在布朗角以外的海区，风暴把他们推向西北方向的遥远的海区。风暴停息后，他们调转船头向南行驶。过了3天后，他们在北纬16°处发现了一个海岛，他们给这个岛取了一个名字，博阿维斯塔岛（此岛离佛得角有600千米）。这是一个荒无人烟的海岛，这些航海者在博阿维斯塔岛找不到任何感兴趣的东西，于是他们调转船头向东驶，抵达非洲大陆的海岸，然后返回葡萄牙。

1461年，一个探险队完成了对佛得角群岛的发现。发现了这个群岛几年以后，第一批葡萄牙殖民者来到这里。但是在以后的年代里，来到这里的欧洲人为数不多。

▶15世纪葡萄牙里斯本的繁荣景象

非洲南端的好望角

▶迪亚士

迪亚士，葡萄牙著名的航海家，于1488年春天最早探险至非洲最南端好望角的莫塞尔湾，为后来另一位葡萄牙航海探险家达·伽马开辟通往印度的新航线奠定了坚实的基础。

绕过好望角

迪亚士出生于葡萄牙的一个王族世家，青年时代就喜欢海上的探险活动，曾随船到过西非的一些国家，积累了丰富的航海经验。15世纪80年代以前，很少有人知道非洲大陆的最南端究竟在何处。为了弄明白这一点，许多人雄心勃勃地乘船远航，但结果都没有成功。作为开辟新航路的重要部分，西欧的探险者们对于越过非洲最南端去寻找通往东方的航线产生了极大的兴趣。

迪亚士受葡萄牙国王委托，去寻找非洲大陆的最南端，以开辟一条往东方的新航路。经过10个月时间的准备后，迪亚士找来了四个相熟的同伴及其兄长一起踏上这次冒险的征途。1487年7月，迪亚士率领的这支船队驾驶两艘快船和一艘满载食物的货轮。在一个风和日丽的日子里，迪亚士的船队从里斯本出发了。

迪亚士沿着当时人们所熟悉的航线到达米纳，从米纳出发，沿着前人所行的路线航抵南纬22°线。一开始，航行十分顺利，他们没有多长时间就到达了非洲西南海岸中部的瓦维斯湾。但是，他们不久就发现，在继续往南的航行中，海岸线变得越来越模糊，没有什么东西使人意识到这是热带非洲。迪亚士在这条海岸上竖起了一块石碑，上面刻着"小港"字样。从此地出发，他沿着荒芜的海岸线向南航驶。

海岸线一直慢慢向东倾斜，但是到了南纬33°处，突然向西急转（在圣赫勒拿湾附近）。这时，海上刮起了一场飓风，迪亚士斯担心他的船只会碰到礁石而毁坏，于是把船驶入大海。飓风变成了一场大风暴，这时葡萄牙人已经远离非洲海岸线了。可怕的风暴把葡萄牙的这两条小船向南推去（供给船落在后面）。

▼好望角

1488年1月来到了，南半球正处于盛夏季节，然而海上越来越冷。当大海稍微显得平静了以后，迪亚士再次调转船头向东驶去。他们朝着这个方向航行了几天后，已经消失的非洲海岸线再未出现。迪亚士认为，他可能已经绕过非洲的最南端。为了证实这点，迪亚士又驾船向北航行，几天后，他们果然又看见了陆地的影子，不久就抵达现在的莫塞尔湾。这时，迪亚士发现，海岸线缓缓地转向东北，向印度的方向伸去。至此，迪亚士完全确信：船队已经绕过非洲最南端，来到了印度洋。只要再继续向东航行，就一定可以到达神秘的东方。

从莫塞尔湾出发，迪亚士率领航船沿海岸直向东去，并抵达一个面向海洋的宽阔海港（阿尔戈阿湾），从这里起，海岸线缓缓地转向东北，向印度方向冲去。迪亚士的判断是正确的，他的航船已经绕过了非洲的全部南海岸，现在身处印度洋了。

返回里斯本

这两艘船上的船员经过长途航行的颠簸已经感到疲惫不堪，他们要求返航回国，迪亚士担心会遇到海盗，所以不得不止步。但迪亚士要求再向前航行三天。他查看了海岸线的东北方向，然后怀着"深深的忧伤"情绪返回了。沿着海岸向西航行，迪亚士在从前经受过两周时间风暴的海域，发现了一个突出于海洋很远的海角，他把这个海角叫"风暴角"，在此他竖起第三块石碑。

莫塞尔港射杀土著人

迪亚士刚到莫塞尔港时，在一座山丘上看到了一群乳牛和几个半赤身露体的牧人。迪亚士派人到岸上去取水，葡萄牙人起初以为这些牧人是黑人。牧人把牛群赶到较远的地方，自己却站在一座山丘上高声喊叫，并且挥动着手。迪亚士向他们射了一箭，一个牧人中箭倒下来，其他牧人逃走了。就这样，射死一个手无寸铁的牧人，标志着欧洲人与这个新的从前不为人知的民族第一次相见。这个民族是科伊科因人，是南非的土著民族。

▲葡萄牙人率先利用星象来导航，他们使用星盘和象极测定北极星与地平线之间的夹角

1488年12月，迪亚士等人经历了千辛万苦以后，终于回到了葡萄牙首都里斯本。国王亲自接见了他，并向他询问了这次探险的经历。迪亚士一五一十地向国王讲述了历经的磨难以及发现风暴角的经过。国王认为"风暴角"的名字不吉利，既然风暴角位于通往印度的航线上，看到了风暴角便看到了希望，就改名为"好望角"吧。于是，好望角这个名称便传开了。

迪亚士未能如愿以偿地到达印度，因为他的手下人拒绝继续前行。但是，他帮助达·伽马筹划了1497年的一次很成功的航行。他对船舶的设计提出了建议，甚至陪达·伽马航行了一段路程。1499年，迪亚斯又陪伴佩德罗·阿尔瓦雷斯·卡布拉尔航行到达巴西。但后来在同样的一次航行中，他的船在好望角外遇风暴沉没，他也在这次海难中罹难。

哥伦布发现巴哈马群岛

　　克里斯托弗·哥伦布是西班牙著名航海家，是地理大发现的先驱者。哥伦布年轻时就是地圆说的信奉者，他十分推崇曾在热那亚坐过监狱的马可·波罗，立志要做一个航海家。他在1492年到1502年间四次横渡大西洋，发现了美洲大陆，这对世界历史的影响比他本人可能预料的还要大。他的这一发现是历史上一个重大转折点，开创了在新大陆开发和殖民的新纪元。这一发现，导致了美国印第安人文明的毁灭。从长远的观点来看，还致使西半球上出现了一些新的国家。这些国家与曾在该地区定居的各个印第安部落截然不同，它们极大地影响着旧大陆的各个国家。

四处游说

　　哥伦布生于意大利热那亚市的工人家庭，是信奉基督教的犹太人后裔，自幼便热爱航海。他读过《马可·波罗游记》，从那里得知，中国、印度这些东方国家十分富有，简直是"黄金遍地，香料盈野"，于是便幻想着能够远游，去那诱人的东方世界。在当时，因为教会的关系，人们大多相信天圆地方，但哥伦布却对此产生怀疑，他认为之所以帆船向大海启航后，船身由下而上渐渐消失的原因正是因为地球是圆的。

　　为了印证他的想法，他先后向西班牙、葡萄牙、英国、法国等国的国王寻求协助，以实现出海西行至中国和印度的计划，但均得不到帮助，因为地圆说的理论尚不十分完备，许多人不相信，把哥伦布看成江湖骗子。但同时间，欧洲国家极需要东南亚的香料和黄金。但通往亚洲的陆路却为土耳其帝国所阻，海路则要经由南非对开的风暴角——好望角，因此欧洲的君主开始改变以往的想法。哥伦布在到处游说了十几年后，直到1492年，西班牙王后伊莎贝拉一世慧眼识英雄，她说服了国王，甚至要拿出自己的私房钱资助哥伦布，使哥伦布的计划才得以实施。

▼哥伦布正在说服西班牙国王支持他的伟大梦想

哥伦布日

　　哥伦布日为10月12日或10月的第二个星期一，这一日正是哥伦布在1492年登上美洲大陆的日子。哥伦布日是美国于1792年首先发起的，当时正是哥伦布发现美洲300周年的纪念日。后来在1893年，芝加哥举办了哥伦布展览会，并举办了盛大的纪念活动。从此，每年的10月12日，美国大多数州会举办纪念活动。而这个习俗亦开始传遍整个美洲，现在不论北美洲，南美洲，还是加勒比海地区的国家都会在哥伦布日举行纪念活动。

▲哥伦布从西班牙启航开始首次探险

横渡大西洋

1492年8月3日，哥伦布带着87名水手，驾驶着"圣马利亚"号、"平特"号、"宁雅"号3艘帆船，离开了西班牙的巴罗斯港，开始远航。这是一次横渡大西洋的壮举。在这之前，谁都没有横渡过大西洋，不知道前面是什么地方。

8月12日，船队驶到了位于非洲近海的加那利群岛。补充了木柴和供应品之后，9月6日，船队离开加那利群岛，由于所有的船员情绪都很好，所以没有一个逃亡的。船队乘着加那利群岛附近常起的东北风朝正西方航行，根据哥伦布几年前在这一带航海的经验，这种东北风是越洋驶向日本国最好的风向。

船队顺着偏东风日夜不停地航行着，有时一昼夜可以向西航行150多英里（1英里＝1609.344米）。可是日复一日，总是那空无一物的海面展现在人们面前。海上的生活非常单调，水天茫茫，无垠无际。过了一周又一周，水手们沉不住气了，吵着要返航。那时候，大多数人认为地球是一个扁圆的大盘子，再往前航行，就会到达地球的边缘，帆船就会掉进深渊。哥伦布知道，随着祖国的远离，他们的担心和忧虑就会越来越严重。于是哥伦布决定拿出航海日志，向海员们公布已被缩小的行驶里程，而把真实的里程记在自己的日记本里。

9月16日，他们开始看到一大片一簇簇的绿草，根据这些绿草的形状可以判断，它们好像是刚刚从地上拔出来的。船队穿过这个水域一直向西航行，这个水域的绿草是这样茂密，好像整个海洋都被绿草覆盖着。他们数次投下测铅以测量水的深度，但是测铅够不着海底。他们在海流形成范围内的亚热带洋区就这样发现了马尾藻海，这个海的海面上浮游着大量的海藻。航船顺风在海上水生植物中轻轻滑行，但是后来海风停息了，一连几天船队几乎停滞不前。因为海洋显得既寂静又平坦，人们怨言四起，都说这个海洋是个怪物，连一丝风都没有，不然可帮他们返回西班牙。

10月初，水兵和军官们更强烈地要求

▼哥伦布踏上美洲大陆，古巴人与西班牙人进行交易

哥伦布改变航向。在此以前，哥伦布一直坚持向西航行，最后他终于屈服了，大概因为害怕发生暴动。

　　船队已与世隔绝地在大洋上漂泊了三个星期了，可是陆地的影子还是看不见。海员开始公开抱怨，他们说这次远航是一种愚蠢的航行，有几个海员要把哥伦布扔到大海里后再返航回去。

　　可是毫不动摇的哥伦布还是要继续一直向西航行。10月7日，他们看到一种肯定不是海鸟的小鸟越过头顶向西南方飞去。这时正值大批候鸟从北美飞向加勒比海岛群和南美过冬的转徙高潮。因此哥伦布就率领整个船队朝西偏西南方航进，这是以候鸟为航标的。

　　10月11日，哥伦布看见海上漂来一根芦苇，高兴得跳了起来！——有芦苇，就说明附近有陆地！果然，11日夜里10点多，哥伦南发现前面有隐隐的火光。12日拂晓，水手们终于看到了一片黑压压的陆地，全船发出了欢呼声！

　　他们整整在海上航行了两个月零九天，终于到达了美洲巴哈马群岛的华特林岛。哥伦布把这个岛命名为"圣萨尔瓦多"，意思是"救世主"。

巴哈马群岛的发现

　　当哥伦布等人踏上这片神秘的土地时，岛上的居民们好奇地开始围观这群白皮肤的不速之客。岛上的人全是裸体，体态十分健美，自以为是到了东印度群岛的哥伦布，把这些土著居民称作印第安人。这样，从那时起所有的美洲土著也都被这样称呼了。实际上，他们当时见到的这些人是散居于南美北岸诸海岛上的阿拉瓦克人。

▼ 1492 年 10 月 12 日凌晨，哥伦布到达了加勒比海中的巴哈马群岛

　　哥伦布同这些土著居民做了交易，以铜铃、红帽子、玻璃珠之类的小物品换得了黄金制成的小饰物、棉纱和鹦鹉等等。船员们在圣萨尔瓦多停留了两天，也用一些廉价的装饰品从印第安人那里换来了食物、淡水。

　　因为语言不通，哥伦布他们只是依靠手势和符号从阿拉瓦克人那里得知，南边有一个拥有大量黄金的国王，且在南边和西边还有许多这样的海岛。这个消息是振奋人心的。在当时那带有很多想象成分的地图上，确实有许多海岛散缀在亚洲东部的海上，包括那个所谓的日本国。根据《马可·波罗游记》的记载，那里黄金遍地。于是哥伦布下定决心要

向西南方寻找这块宝地。抓了六个阿拉瓦克人当翻译和向导之后，船队又朝西南方行进了约两个星期。在途中，他们又发现了一些新的海岛，并且在这一带首次尝到了白薯、玉米和木薯，令他们赞赏不已的还有印第安人奇特的睡铺——网络状吊床。这以后不久，欧洲的海员就采用了这种吊床。

然而，寻遍了巴哈马群岛，他们也没有找到很多黄金，因而根据印第安人的传闻他们又继续向南方去寻找一个更大的叫古巴的海岛。这里向东风景十分秀美，到处可见巍峨的青山，因而，哥伦布说古巴是他听见到的最美丽的海岛。可是，在那里，他们同样没有找到什么商船和黄金屋顶的宫殿，他们所见的只是一些独木舟和一些由圆形小屋组成的村落。

12月5日，哥伦布到达了古巴的最东端，在继续东行中，又一个人口众多、风景优美的海岸出现了。全体人员都认为这是一个和西班牙同样美丽的海岛，"西班牙岛"就这样被哥伦布命名为这个海岛的名称，这就是现在的伊斯帕尼奥拉岛，属于海地和多米尼加共和国。

又过了两个星期，哥伦布他们勘查了伊斯帕尼奥拉岛北部海岸的大约1/3的地方，并且绘制了一幅相当准确的这一带的地图。有时他们去参观阿拉瓦克人的大部落并一同去寻找黄金。他们发现越是向东走，就越有找到黄金的苗头。

12月20日，船队在四周环山的阿库尔湾下锚。友好的当地居民将一些黄金饰物献给了他们。一件嵌金的精绣棉布作为礼物送给了哥伦布，这是在东边几英里外的一个部落酋长特意送来的，因此哥伦布决定马上回访。哥伦布从这位酋长那里得知在内地有一个黄金十分丰富的叫锡瓦奥的地方。锡瓦奥又被哥伦布误解为可能是日本国的误读，因此他更认为无尽的宝藏已终于在这个西班牙岛上被发现了，也更相信西班牙岛就是位于中国东边海上的日本国。他们在岸上修了一个寨堡，木料来自于圣玛丽亚号船的残骸，命名为纳维达德，西班牙语的意思就是"圣诞节"。作为在这新大陆上的第一次殖民活动，哥伦布留下40人开采伊斯帕尼奥拉的金矿。随后，他们带着从岛上弄到的各种特产、大量的黄金以及那六个印第安人作为这次发现的证物，于1493年1月4日起锚开始了返回西班牙的漫长航程，3月15日，哥伦布回到西班牙。

哥伦布的二次远航

急于想占有所发现的土地和财富的国王和皇后命令哥伦布马上返航回伊斯帕尼奥拉。一支包括17艘船和1200船员的巨大船队，在不到5个月的时间内就组建完成了。本次远征的目的是要哥伦布在那里建一个永久殖民地，使当地土著人归顺，还要搞明白古巴是否真的是亚洲的一部分。

二次远航

1493年9月25日，哥伦布率领的船队在喇叭伴奏下，堂皇地从良港加的斯出发。这次与哥伦布一同前往新地寻找幸福的人有为数不多的一群宫廷侍卫、数百个贫穷的和夺取了格拉纳达后游手好闲的傲慢贵族、国王的几十个官员和神甫、主教。神甫、主教所担负的任务是使海外的偶像崇拜者转信基督教。由于哥伦布在印第安人的居住区没有看到过牲畜和欧洲的农作物，并且由于准备在伊斯帕尼奥拉岛上开拓西班牙殖民地，哥伦布在船上装运了马、驴、大牲畜和猪等。除此而外，还下令在船上带上各种葡萄藤条和欧洲的各种农作物种子。

从加那利群岛出发，哥伦布向西南航行，因为听伊斯帕尼奥拉岛上的居民说，在他们的东南方有另外一些海岛。如果哥伦布正确地理解了印第安人所说的话，那些海岛中应包括"加勒比人即食人者居住之地"和"没有丈夫的女人岛"，这些岛上有大量的黄金。船队这次是沿着比第一次航行方向偏南约10°的地方航行的。这个航向非常正确，哥伦布抓住了顺风——东北季风，只用20天时间就横渡了大西洋，比上次航行少用两个星期。这次航行的路线后来成了从欧洲前往西印度常走的航线。

"食人者"——加勒比人

加勒比一词被西班牙人错读成卡尼巴尔。第二次探险的参加者返回祖国后，这个词传遍了整个欧洲，于是卡尼巴尔就成了"食人者"的同义词。加勒比人相互不争斗，而对居住着和平的几乎无武器的阿拉瓦克人海岛沿岸进行袭击。他们乘大型独木舟能航渡数百里宽阔的海域。他们使用的武器是弓箭，箭矢是用龟甲硬板磨成的，或者是用锯成齿形的鱼骨制成的，很像锋利的标枪。在袭击别的海岛时，加勒比人把能够抓到的妇女统统带走，以便与她们同居，或强迫她们作为女仆。加勒比人对她们非常残暴，残暴之程度使人难以置信。他们把这些妇女生下来的孩子全部吃掉，只抚养和加勒比人姘居而生下来的孩子。他们把俘虏来的男人带回自己的村庄，像吃被他们打死的人一样地把他们活活吃掉。

发现小安的列斯群岛

11月3日，一座覆盖着茂密热带植物的山岳海岛出现了。由于这个发现是在星期日（西班牙语的星期日一词字音是多米尼加），所以哥伦布就以多米尼加命名了新岛。

在一个以哥伦布的旗舰命名的叫马里加朗特岛的海岛上稍事停留以后，船队又继续向北驶进，不久就靠岸在草木茂盛的火山岛

▲1493 年，哥伦布回到西班牙，人们把他视为英雄

瓜德罗普。在这里，船员们发现当地的加勒比人有吃人的习性。从瓜德罗普岛出发，哥伦布转向伊斯帕尼奥拉岛驶去。他向北行驶，发现了一个又一个海岛。在继续向北的航行中，船队又经过了一系列海岛——圣基茨、安提瓜、蒙特塞拉特、尼维斯等，这些海岛的许多名字都是哥伦布起的。

11 月 22 日，船队通过了莫纳海峡，他们前次登陆的地方——伊斯帕尼奥拉出现在眼前。

当船队到达纳维达特堡时，他们发现寨堡已经被烧毁，在这里留守的人也无影无踪了。原来哥伦布派驻在这里开掘金矿的人没有去采金却到处掠夺、抢劫、霸占妇女，这惹怒了岛上的土著人，把他们全部杀死了。于是哥伦布不敢在这里驻扎，而是率领船队到东边估计 100 英里外的伊萨贝拉，并且在那里又建立了一个新殖民地。而后他们对这个海岛的内陆进行了几个月的考察，最后确认这里并不是日本国。接着，哥伦布的弟弟留下来驻守，而哥伦布自己率三艘帆船到古巴南岸去勘察。

1494 年 4 月 24 日哥伦布率领三艘不大的船向西航行，去"发现印度大陆的陆地"。他航行到古巴最东部的海角。在那里还是没有找到黄金，于是他们决定于 5 月 5 日出发到热带海岛牙买加去寻找。约一个星期之后，他们又失望地从牙买加回到了古巴。

在 9 月 29 日回到伊萨贝拉之前，哥伦布又考察和绘制了牙买加和伊斯帕尼奥拉南海岸的地图。回到伊萨贝拉后，哥伦布发现在他们出海的 5 个月里，刚建立不久的新殖民地又是一片混乱。成帮结队的西班牙人在岛上来回游逛，不时地吓唬当地土著人，偷窃他们的黄金，抓人做苦役，因此一场公开的战争不久就爆发了，由于情势所逼，哥伦布也不得不率军队参战，对土著人进行屠杀。从 1492 年开始的 50 年中，伊斯帕尼奥拉岛上的几十万阿拉瓦克人几乎遭到了灭绝。

1496 年 3 月，哥伦布踏上了返回西班牙的归程，6 月，抵达加的斯港。此时，西班牙国王对哥伦布英勇壮举的美好希望破灭了，因为他发现的不是中国，也不是日本，他发现的地方对西班牙来说没有多少价值。

▶1495 年，西班牙人与当地土著人发生战斗，西班牙人抓住了一个当地的酋长

英国第一次海外探险

虽然英国人对探险并没有多大的热情，他们在新大陆的势力是慢慢建立起来的，作为后来者，他们在许多方面利用了其他人的发现，但是，对通往亚洲西北路线的探索和对美洲东北部沿海区的发现首先是由英国人来完成的，这项任务落在了来自威尼斯的外乡人约翰·卡伯特身上。

英国第一次海外探险

约翰·卡伯特出生于热那亚，年轻时移居威尼斯，他与一个威尼斯女人结了婚，婚后生了三个儿子（他的第二个儿子名叫塞瓦斯蒂安）。卡伯特在威尼斯的生活情况，人们几乎一无所知，仅知道他大概是个海员和商人。据说，他曾经到过近东地区，并在那里遇到过贩运香料的商队，他向阿拉伯商人打听过一些出产香料的遥远国家的情况。1490年，卡伯特携带家眷迁居英国，居住在布里斯托尔。

当时，布里斯托尔是英国西部的主要海港，同时又是大西洋北部海域英国的渔业中心。从1480年起，布里斯托尔的富商们曾多次派出船只去寻找神秘的巴西群岛和安的列斯群岛，但是这些船只返回后没有带来任何发现。

布里斯托尔的商人们得知哥伦布的发现后，出资装备了一个英国探险队前往"中国"海岸，并任命约翰·卡伯特担任这个探险队的领导。

这个消息被西班牙驻伦敦大使获悉，西班牙国王向英国国王提出警告，这样的探险行动是对西班牙和葡萄牙合法权益的侵犯。但英国国王还是以约翰·卡伯特和他的三个儿子的名字签发了许可证，批准他们向一切地方和地区，向东海、西海和北海所有的海岸进行航行。国王约定从探险的收益中提取五分之一的利润，并在许可证中故意不指明向南航行的路线，目的是避免与西班牙人和葡萄牙人发生冲突。

1497年5月，约翰·卡伯特驾驶一艘只有18个船员的航船，离开布里斯托尔向西航行，绕过爱尔兰的

▼ 1497年5月，出发前卡伯特正在接受祝福

北部海岸，一直沿 50°线偏北航行。经过一个半月的航驶后，1497 年 6 月 25 日，卡伯特到达一个气候寒冷的不毛之地，他把这块陆地称为"首次看到的陆地"。卡伯特所看到的这片陆地大概是纽芬兰。尽管卡伯特在那个地方没有见到人，也没有靠近这片陆地的海岸，但是他认为这是一片有人居住的陆地。他转头向东航行，7 月底，他回到了布里斯托尔。

在返回的航途中，卡伯特在被他发现的陆地的东南方看到了大群鲱鱼和鳕鱼。这样便发现了纽芬兰大浅滩。这是世界上鱼类最丰富的海区之一。卡伯特对这个海区作了正确的评价，他在布里斯托尔宣布，英国人可以不到冰岛沿岸去捕鱼了。这次探险几乎一无所获，卡伯特只从吝啬的英国国王手里得到了 10 个英镑的奖赏。

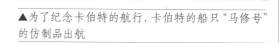

▲为了纪念卡伯特的航行，卡伯特的船只"马修号"的仿制品出航

▼卡伯特之后另一个探索西北航道的英国人马丁·弗罗比舍

卡伯特的第二次探险

1498 年 4 月，卡伯特组织了对"中国"的第二次探险。为了进行这次探险，一共装备了 5 艘或 6 艘航船。在探险路途中，卡伯特逝世了，探险队的领导权落在了他的儿子塞瓦斯蒂安·卡伯特肩上。

卡伯特第二次探险中，英国船只到达了北美大陆，并沿着它的东部海岸向西南航驶了很远的距离。显然，他们是想寻找人口稠密的中国海岸。水手们经常登上海岸，可是他们在那里遇见的不是中国人，而是身穿兽皮的人（北美印第安人），这些人既没有黄金，也没有珍珠。由于食物不足，塞瓦斯蒂安·卡伯特决定返航，他于 1498 年返回英国。

在英国人的心目中，第二次探险是得不偿失的。这次探险耗费了大量资金，但是没有任何收益，甚至连一点收益希望也没有带回来，因为这个地区的毛皮财富并没有引起水手们注意。这个新地是一片布满针叶和阔叶森林的海岸，几乎无人居住，这个地方绝对不可能是中国或印度的海岸。在以后几十年过程中，英国人再没有做过沿西部航线前往东亚的任何尝试。

新南大陆的发现

　　休整两年后，1498年，重振旗鼓的哥伦布又一次出海到新世界探险。因为哥伦布前面的探险并没有给西班牙带来预期的利益，西班牙的国王对探险的热情骤减，之所以批准了哥伦布的第三次探险，是因为当时西欧有许多的国家都开始了探险。哥伦布费了极大的气力才筹备好进行第三次探险所需的资金。第三次探险航行的规模远不如第二次那样壮观。

对特立尼达岛和新南大陆的发现

　　1498年5月30日，哥伦布的船队从桑卢卡尔港启程（位于瓜达尔基维尔河河口），向加那利群岛驶去。在耶罗岛附近，他把船队分为两个部分，派遣3艘船直线驶往伊斯帕尼奥拉岛，自己率领其余的3艘船驶向佛得角群岛。他从佛得角群岛出发向西南航行，力图绕过亚洲东南海角，到达"南部"的印度。

　　6月30日，一个水兵在指挥船的桅杆上看到了西部有一块陆地，这是一个大岛，哥伦布把这个岛命名为特立尼达（意为"三位一体"）。次日，航船沿这个岛的西南角航行。从西面可以看到一块陆地，这就是南美大陆的一部分地区和奥里诺科河三角洲，哥伦布把这片土地称为格拉西亚之地（幸福之地）。哥伦布看到海岛与格拉西亚之地被一条宽约两个里卡（约10千米）的海峡相隔。

　　哥伦布派出一只小船去海峡进行测量。看来这条海峡的水深完全适合船只航行，然而海湾的水朝着两端流去。借着顺风，哥伦布的船只穿过这个海峡。从海峡向北，海水显得很平稳。哥伦布偶然汲了一点水，发现这里的水是淡水。他向北航行，一直走到一座高山之旁，这是帕塔奥峰，位于多山的帕里亚半岛的东部顶端。哥伦布把这条位于特立尼达与大陆之间的北部海峡命名为"龙渊"。哥伦布沿格拉西亚之地向西航行。在航进中，发现海水越来越淡。航船抛锚停泊的地方，半岛显得十分宽阔，群山向北方隐去。

　　哥伦布派人登上海岸，他们受

▼哥伦布在当地向导的带领下，去找寻黄金

到了印第安人热情亲切的接待。然而哥伦布不能在那里久停，因为给伊斯帕尼奥拉岛上的移民运送的粮食已经开始腐烂，况且他本人也身染重病，双目几乎失明。他以为格拉西亚之地是个海岛，所以顺着

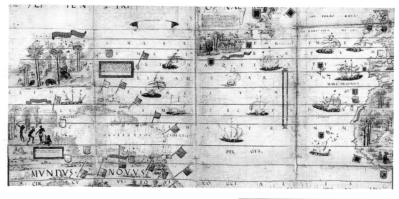

▲哥伦布发现的新大陆地图

这个海湾的海岸向东和向南航行，白费力气地寻找着它的出口。

在迷失了一阵后，哥伦布从他发现的大河河口出发，向东北航行，趁着顺风，平安地把航船引出了"龙渊"，驶进大海。

穿过海峡驶进加勒比海以后，看见了一个海岛，他把这个岛称为乌斯宾尼岛（即今格林纳达岛）。此后，他们的船只航行到印第安人打捞珍珠的岛屿附近。哥伦布把这些岛屿中最大的一个海岛称为马加里塔岛（珍珠岛）。

哥伦布从龙渊海峡到阿拉亚半岛的西部顶端，对格拉西亚之地（即南美大陆）的北部海岸进行了长约 300 千米的考察。疾病和担心食物腐烂不允许哥伦布在这片奇异的珍珠海岸继续停留，于是从马加里塔岛起调整了航向，直线向北朝着伊斯帕尼奥拉岛驶去。

哥伦布被遣送回西班牙

1498 年 8 月 20 日，伊斯帕尼奥拉岛的南岸已经清晰可见。上岸后，哥伦布得知，这里的殖民者举行了暴动。暴动者的头目名叫佛朗西斯科·罗利丹，他是伊斯帕尼奥拉岛的首席法官。

哥伦布与暴动者签订了一项屈辱性的协定之后暴动才平息。这时，哥伦布收到了一些从西班牙传来的坏消息：暴动者的头目罗利丹被复职为首席法官，暴动者在暴动期间的工资应予保证；每一个暴动参加者还能分得一大片土地。

国库从新殖民地所得的收益仍然很少。可是，这个时候葡萄牙人达·伽马从南面绕过了非洲大陆，找到了通往真正印度的航线，伽马与印度展开了商业贸易，给葡萄牙运回了大批香料。现在人们已经完全明白了，哥伦布的发现地与富饶的印度相比没有任何相同之处，哥伦布只不过是个吹牛家和骗子手罢了。有人伺机揭发哥伦布，而最可怕的是指控哥伦布私自隐匿王国的巨资。从伊斯帕尼奥拉岛传来了发生暴动和贵族被残杀的消息，西班牙贵族们双手空空地从哥伦布发现的"印度"回来了，人们一致归罪于哥伦布。

1499 年，西班牙政府首先废除了哥伦布对发现新的陆地的垄断权，然后又马上起用了一些原先是哥伦布的同伴后来变成他的劲敌的人。新总督逮捕了哥伦布和他的兄弟，并给他们戴上了镣铐。1500 年 10 月，运送戴着镣铐的哥伦布和他的两个兄弟的船驶进加的斯港。

印度航线

达·伽马是从欧洲绕好望角到印度航海路线的开拓者。1497年受葡萄牙国王派遣，寻找通向印度的海上航路，船经加那利群岛，绕好望角，经莫桑比克等地，于1498年5月到达印度西南部卡利卡特。伽马在1502—1503年和1524年又两次到印度，后一次被任命为印度总督。由于他实现了从西欧经海路抵达印度这一创举而驰名世界，并被永远载入史册！

▼达·伽马

达·伽马

1460年，达·伽马出生于葡萄牙的港口城市锡尼什一个名望显赫的贵族家庭，他在快要10岁的时候就拟定了长期航海的计划，其父也是一名出色的航海探险家，曾受命于国王的派遣从事过开辟通往亚洲海路的探险活动，几经挫折，远大抱负终未如愿而溘然长逝了。达·伽马的哥哥也是一名终生从事航海生涯的船长。因此，达·伽马是一名青少年时代受过航海训练，出身于航海世家的贵族子弟。

15世纪下半叶，野心勃勃的葡萄牙国王妄图称霸于世界，曾几次派遣船队考察和探索一条通向印度的航道。1492年哥伦布率领的西班牙船队发现美洲新大陆的消息传遍了西欧。面对西班牙将称霸于海上的挑战，葡萄牙王室决心加快探索通往印度的海上活动。葡萄牙王室将这一重大政治使命交给了年富力强、富有冒险精神的贵族子弟达·伽马。

到达南非好望角的航行

1497年7月8日，里斯本码头上人山人海。在人们的欢送祝福声中，达·伽马率领140名远航船员，踏上了艰险的远征之路。

船队从里斯本港起航朝着佛得角群岛驶去，离开佛得角后转向东南方向，大约航行到塞拉利昂。然后，伽马采纳了葡萄牙富有经验的航海家的建议，为了避开赤道非洲和南部海岸的逆风和海流，起初一直朝着西南方向航行，在赤道附近的某个海区转向东南。

◀达·伽马在离开之前觐见葡萄牙国王

11月1日，葡萄牙人在东部看见了陆地。三天以后，他们驶进了一个辽阔的海湾，这个海湾被命名为圣赫勒拿湾，并发现了圣地亚哥河的河口。葡萄牙人登上海岸，与当地的土著人布须曼人接触，由于一个水兵不知怎么侮辱了布须曼人，从而导致了一场相互冲突。几个葡萄牙人被土著人用石块和弓箭打伤和射伤了，达·伽马立即下令用弩炮向敌人还击，不知在这场冲突中死伤了多少布须曼人。

▲布须曼人

达·伽马率领船队，在大西洋上航行了四个月。船队一度被不间断的风暴吹散。天空中不时乌云密布，白天几乎和夜晚一样黑暗。船舱漏水，必须不断地用手摇设备向外抽水。由于缺乏新鲜蔬菜和水果，许多船员都患了坏血病。但是，这些困难都没有吓倒这支远航探险队。

1497年11月22日，达·伽马率领船队终于顺利地绕过了非洲大陆的最南端——迪亚士发现的好望角，进入了印度洋。船队沿着非洲东海岸缓慢地向北航行。

沿非洲东岸的航行

1497年圣诞节时，朝着东北方向航驶的葡萄牙船只已经位于南纬31°附近的一条高耸的海岸线前面，达·伽马把这条海岸称作纳塔尔（葡萄牙语的意思是"圣诞节"）。

1498年1月11日，船队在一条河的河口停泊下来。水手们登上海岸，一群黑人向他们走来，这些黑人与葡萄牙人在非洲南岸所遇见的截然不同。一个从前曾在刚果居住过的水手会说班图语，这个水手对这些黑人喊话，黑人们懂得水手说的话。这个地区人口稠密，以农耕为生，人们处于较高的文化发展阶段，能冶炼铁和其他有色金属。葡萄牙人在黑人家里看见有铁制的箭矢、标枪头、短刀，铜制的手镯和其他金属装饰品。黑人们对葡萄牙人十分亲善，因此达·伽马把这块土地称为"善良人之地"。

▼达·伽马的航船

1498年3月，船队到达了莫桑比克岛，这是阿拉伯人管辖的海港城市。阿拉伯的单桅船每年都航驶到这里，从这里运走了黑人奴隶、黄金、象牙和琥珀。莫桑比克的居民，如同非洲其他港口的居民一样，主要是由班图黑人、阿拉伯人以及阿拉伯人与黑人混血后裔的各种肤色的人组成。15世纪末和16世纪初，那里大多数人信奉伊斯兰教。通过当地的首领，达·伽马在莫桑比克雇用了两个引水员。

然而阿拉伯商人已经猜中葡萄牙人是他们未来最危险的竞争者，于是友好亲善的关系很快变成了仇视和敌对。在这里，达·伽马和当地居民发生了武装冲突，很快就撤离了。

船队继续沿海岸线北上。同在南大西洋的航程相比，他们现在的航行显得顺利多了。因为航线是现成的，海面上来来往往的商船都在为他们指引航向，食品、饮水和补给已不再成为困难——沿途都有繁华的港口和城市。

在舒缓和煦的季风中，1498年4月，达·伽马的船队来到了一个陌生的港口

基尔瓦，船队先派了一个水手上岸打探。这个水手来到码头上，不料却遇上一位突尼斯的阿拉伯商人。这位商人惊讶地看着这位突然出现的葡萄牙人，第一句话就说："活见鬼！是什么魔力把他们带到这里来的？"的确，他很清楚这些欧洲船员来到东方的企图。

1498年4月14日，达·伽马的船队停泊在今天肯尼亚的马林迪。出乎他们的意料之外，马林迪的酋长对他们很热情，水手们在这里以廉价的物品换取了丰裕的黄金，得到了大批香料。

抵达卡利卡特城

马林迪酋长给达·伽马提供了一个年老可靠的引水员，这个引水员必须把葡萄牙人送到印度西南海岸的卡利卡特城。这个引水员是当时著名的阿拉伯舵手和大学者。葡萄牙人带上这个可靠的引水员于1498年4月24日从马林迪向东北航行，乘印度洋的季风，沿着引水员熟知的航线，把葡萄牙的航船引向印度。印度的海岸线在5月17日出现在他们的眼前了。

看到印度陆地后，船向南航行。三天以后出现了一个高耸的海角，

▼达·伽马的船队到达卡利卡特城

这时，引水员走到达·伽马跟前，说："这就是您所向往的国家。"1498年5月28日下午，葡萄牙航船在卡利卡特城对面的一个停泊场抛下了锚。

在这里，达·伽马和水手们高兴地看到，印度的富庶正如马可·波罗在《马可·波罗游记》中所描绘的那样，他们为此惊叹不已。

卡利卡特城的阿拉伯商人人数很多，他们唆使卡利卡特的统治者反对葡萄牙人。当伽马亲自把国王的信呈递给头目时，他和他的随行人员都被拘留了。过了一天，葡萄牙人依照头目的命令把一部分货物卸到岸上，头目才把达·伽马和他的随行人员释放了。自此以后，这个头目一直保持中立，既不协助也不阻挠他们用葡萄牙货物进行贸易。但是穆斯林拒绝购买葡萄牙人的货物，嫌这些货物质量低劣，而贫穷的印度人所给的价钱比葡萄牙人的要价又低得多。尽管这样，伽马的人员仍然用自己的货物换来了一些香料、肉桂和宝石，但是换来的这些东西数量不多。

返回葡萄牙

1498年9月9日，达·伽马的船队运载着大批印度香料和非洲黄金踏上了归程。1499年1月初，葡萄牙人返航途中在摩加迪沙大城附近看见了索马里海岸，但是伽马不准备在那里登岸，而是向南航行，前往马林迪。马林迪的统治者给船队提供了新的给养，同时由于达·伽马再三请求，马林迪的统治者才给葡萄牙国王送上了一份礼品，并在自己的领地上竖起了一块石碑。

▼达·伽马拜见卡利卡特城的统治者

在马林迪休整数日后，伽马向南航驶。他在蒙巴萨地区放火烧毁了一艘船，因为他看到剩下的船员已经不足原来总数的一半，而且健康的人员更少，在这种情况下已经没有足够的人手再去驾驶和管理三艘船了。抵达莫桑比克后，又有一艘船走散了，彼此失去了联系。

回到里斯本后，在隆重的欢迎仪式上，葡萄牙国王高兴地欢呼："葡萄牙有了自己的哥伦布，我们的香料和珠宝再也不受别人控制了！"

达·伽马把从印度换来的香料、珠宝出售，所获纯利竟达航行费用的60倍。不过，船员们回到本国时仅剩下55人了。

1502年2月，达·伽马再度率领船队开始了第二次印度探险，目的是建立葡萄牙在印度洋上的海上霸权地位。为了减弱和打击阿拉伯商人在印度半岛上的利益，达·伽马下令卡利卡特城统治者驱逐该地阿拉伯人，而后又在附近海域的一次战斗中，击溃了阿拉伯船队。1503年2月，达·伽马满载着从印度西南海岸掠夺来的大量价值昂贵的香料，乘着印度洋的东北季风，率领13艘船只向葡萄牙返回，同年10月回到了里斯本。

当达·伽马完成了第二次远航印度的使命后，得到了葡萄牙国王的额外赏赐，受封为伯爵。1524年，他以葡属印度总督身份第三次赴印度，不久染疾身亡。

哥伦布最后的探险

▲哥伦布

1502 年，哥伦布进行了第四次远航，到达洪都拉斯、哥斯达黎加、巴拿马等地，但仍然没有找到黄金和香料，不得不无功而返。这位伟大的探险家到了晚年，似是诸事拂逆，抑郁生病，于 1506 年 5 月逝世。

对中美大西洋海岸的发现

由于事不顺心，哥伦布在闲暇中度日。可是，这位伟大的航海家很快又异想天开，他想从他发现的地区找到一条通往南亚去的新路线——通往"香料之国"的新路线。他相信这条路线是存在的。哥伦布呈请国王批准，让他再组织一次新的探险。斐南迪国王无法摆脱这个纠缠不休的请求者。1501 年秋季，他着手组建一个规模不大的船队。1502 年春季，国王命令哥伦布迅速出发向西航行。哥伦布声称，他的目的是完成环球航行。他随身带领着他的兄弟和年幼的儿子。他的船队由四艘船组成，全部乘员共 150 人。

哥伦布不顾国王的禁令，率领船只穿过弧形的小安的列斯群岛向伊斯帕尼奥拉岛驶去。1502 年 6 月底，他航抵圣多明各港。而哥伦布把在前面阻路的地方看成是中南半岛，在之后的几个月中，哥伦布一直企图闯过这一关。船队顶着强劲的逆向风，迎着滔天的巨浪从洪都拉斯开始，依次经过了尼加拉瓜、哥斯达黎加和现在的巴拿马。

12 月 6 日，海面上刮起了持续一个月之久的大风暴，大海像疯了一样翻腾着，这是哥伦布有生以来从未经历过的最大风浪。湿热的天气又助长了蛆虫的生长，船上带的糕饼中生的满是蛆虫，人们只有等到天黑连蛆一起吃下。为了找到一个能通过去到另一个大洋的海峡，他一个个海湾、一条条河流地探查，可是终未能如愿。

航船遇难与牙买加岛的一年生活

1503 年 4 月底，哥伦布向东航行，来到达连湾。在此他转换航向，一直向北行驶，前往牙买加岛。可是海流却把哥伦布的船只向西推去。10 天以后，一群不大的无人居住的海岛展现在他们的眼前，这是小开曼岛（位于牙买加岛的西北）。又过了 20 天，在这 20 天的航行中他们与逆风和海流作了顽强的斗争。5 月底，他已经到达古巴的南岸附近。他们决定在这里抛锚停泊，以便让海员休息一下，并能补充一些给养。

▼哥伦布的支持者伊莎贝拉女王

一场风暴又突然发生，船只失掉了锚，相互撞击，毁坏到几乎不能在水面上漂浮的程度。风暴持续六天之后，哥伦布决定向东南航驶，前往牙买加岛。经过许多天的航行，哥伦布于 1503 年 6 月 24 日在牙买加岛的北岸找到了一个港湾，他把即将沉没的船拖到浅滩并排放置。

哥伦布决定给伊斯帕尼奥拉岛的总督送去一封信，恳求总督能把哥伦布的探险队从灾难中解救出来。这样，就必须派人从牙买加岛东部海角乘印第安人的独木舟经过大海行驶将近 200 千米路程。他派出几个西班牙人乘坐两只大型独木舟前往，船上有一些印第安人的桨手。

过了好几个月，没有得到伊斯帕尼奥拉岛的任何援助，也没有得到派出的人员下落的任何消息。得不到消息的苦恼，无所作为的忧闷和对祖国的怀念使哥伦布的人员焦急不安，垂头丧气。人们不满的情绪继续增大，最后发展到公开暴动。几乎所有身体健康的军官和士兵举行了反对哥伦布的起义。起义者抢走了 10 只独木舟和大船上剩下的全部给养以及几十个印第安人桨手，驾船向伊斯帕尼奥拉岛驶去，然而，海上的风暴再次把他们推了回来。这些人后来分散在牙买加岛各地，抢掠印第安人村庄，强奸妇女。几乎所有与哥伦布一起留下的全部人员受尽了疾病和苦难的折磨。

返回西班牙

1504 年 6 月 28 日，哥伦布离开了牙买加岛。尽管从牙买加岛到伊斯帕尼奥拉岛路程不算远，但是由于遇到了逆风，哥伦布的船只整整航行了一个半月之久，直到 8 月中旬他才驶进圣多明各港。

1504 年 9 月，在哥伦布率领下，两艘船离开了伊斯帕尼奥拉岛。他们刚刚驶进海洋，就遇到了一场强风暴，哥伦布乘坐的那艘船的桅杆被风暴折断了，他把已经毁坏的那艘船送回圣多明各港。一场又一场的风暴袭击着这条孤船。到了 1504 年 11 月 7 日，哥伦布才驶进西班牙的瓜达尔基维尔河的河口。

哥伦布在外一共有两年半时间。他未能完成首次环球航行，也未能发现通往南海的西部道路。尽管如此，在他最后一次航行过程中却完成了许多新的伟大发现。他发现古巴以南的大陆，即中美洲海岸，他考察了长约 1500 千米的加勒比海西南海岸。

▼画中的哥伦布情绪异常忧郁,1506 年,哥伦布在悲愤中与世长辞

亚美利哥的理论

亚美利哥·维斯普奇是一位探险的"神秘人物"。在写给几位朋友的信中，他对自己探险活动的记述很不一致，并且他所引用的经、纬度位置也总是与事实不符。尽管他的探险活动一直遭到人们的质疑，但不可否认的是，他曾经航行到哥伦布所"发现"的南美洲北部。经过实地考察，他证明了这块土地不是古老的亚洲，而是一块"新大陆"。亚美利哥返回欧洲后，绘制一幅最新地图，并出版一本传诵很广的游记。该书断定这个地方并不是印度，而是新的"大陆"。后人便用他的名字给新大陆命名，从而在历史学和地理学上出现了亚美利加洲这个名称。

▲亚美利哥

亚美利哥的生平

亚美利哥·维斯普奇出生在佛罗伦萨一个富裕的公证人家庭。他长大成人后，开始为佛罗伦萨一个有名气的银行家美第奇家族工作，并在故乡的城市里平静地生活到40岁。

美第奇家族在西班牙开办了一些规模宏大的金融机构，亚美利哥作为美第奇银行的代理人被派往巴塞罗那，后来又到塞维利亚任职，在塞维利亚他居住到1499年。这年，奥赫达组织了一次对珍珠海岸的探险活动，所用的资金是通过亚美利哥提供的。毫无疑问，亚美利哥参加了奥赫达在1499至1500年所组织的那次航行。

大概在1501年，他转向葡萄牙，并为葡萄牙人服务。1501至1504年间，他随同葡萄牙船只航行到新世界海岸。1504年，亚美利哥再次来到西班牙。在西班牙任职期间，他分别在1505年和1507年两次航行到达连湾。在此以后的4年时间里，直到他于1512年逝世为止，曾担任过卡斯蒂利亚的主舵手。

亚美利哥与哥伦布

亚美利哥抢了哥伦布的发现权和命名权，但他确确实实是哥伦布的好友。哥伦布在1505年2月写给长子迭戈的一封信中就曾提到亚美利哥，说："他是一个可敬的人，他决定为我做每一桩能办到的事情，有什么事情，你尽管交给他去办。"生于佛罗伦萨的亚美利哥，还是哥伦布的意大利老乡。史料记载，亚美利哥曾搭乘哥伦布和其他航海家的船，多次参加了跨越大西洋的远航。1504年他公开发表了《亚美利哥航海志》，率先提出哥伦布到达的不是印度或亚洲的边缘，而是一个新大陆。

亚美利哥的两封信

亚美利哥赢得的世界性声誉，是建立在他两封信件基础上的。这两封信写于1503至1504年间，很快被译成了多种文字，并由当时欧洲一些国家的出版界出版了。

第一封信是寄给银行家美第奇的。亚美利哥在这封信中叙述了他于1501至1502年间在葡萄牙任职时期完成的一次航行情况。第二封信是寄

给亚美利哥佛罗伦萨的童年朋友索捷波尼的。在这封信中，亚美利哥描述了他在 1497 至 1504 年参加过的 4 次航行。

▲哥伦布返回后过了两个月，亚历山大签署了一个被称为"世界第一分界线"的文件

关于这几次探险情况亚美利哥写得非常具体。他却有声有色地描写了南半球的星空，被发现地区的气候、植物和动物情况，以及印第安人的外貌和生活习惯。所有这些描写既生动活泼又引人入胜，充分显示了他的文学才能。

当时欧洲的广大读者对地理新发现的兴趣甚浓。可是西班牙政府对哥伦布和西班牙其他航海家航海发现的结果并不公布于众，因此，亚美利哥有关他"四次航行"到大西洋西岸的生动记述赢得了巨大的成功。

前两次航行

1497 年 5 月，亚美利哥从加的斯港启程，探险队由 4 艘船组成，抵达加那利群岛后停留 8 天时间，然后历经一个月的航行，西班牙人在加那利群岛以西和西南约 4500 千米之外看到了陆地。

◀博纳姆纳克的壁画，从壁画上可以看到哥伦布到达美洲之前的玛雅人形象

亚美利哥在新陆地上看到了"一座如同威尼斯一样的水上城市"。这座城市由 44 个木头房屋组成，全都建筑在木桩上。房屋之间由吊桥连接。居民们四肢匀称，体形端正，个子中等，"肤色微红，如同狮毛一般"。

西班牙人在一次战斗后抓获了几个居民，带上这些人航行到位于北纬 23°的一个国家。离开这个国家后，西班牙人向西北挺进，然后他们沿着蜿蜒曲折的海岸航行了大约 4000 千

米路程。在航途中他们经常登上海岸，用一些小玩物换来黄金。直到 1498 年 7 月，航行到一个"世界上最好的港湾"为止。

　　在整个航行过程中，西班牙人换来的黄金寥寥无几，根本没有遇到宝石和香料。修理航船用去了他们一个月的时间。在此期间，港湾附近的土著人与欧洲人交上了朋友，土著人请求欧洲人帮助他们去攻打经常袭击这个地区的岛民——"食人者"。把船修好后，西班牙人决定带几个印第安人作向导向"食人者"的海岛出发。经过一周的航行，走了大约 500 千米的路程，他们登上了一个"食人者的海岛"。西班牙人开始与大批的土著人进行一场成功的战斗，结果俘虏了许多人。探险队返回西班牙时带了 222 个印第安人奴隶，他们把这些奴隶在加的斯出卖了。

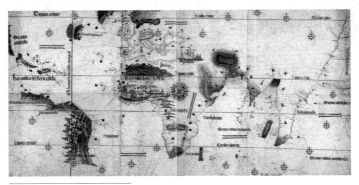
▲ 1500 年的世界地图

后两次航行

　　1500 年，当葡萄牙派出的船返回里斯本，并带来了在通往印度航线的大西洋上找到了一个新岛（巴西岛）的消息时，葡萄牙国内的人们对于这一发现赋予重大的意义。这个新岛被命名为"真十字架"，但是人们却常常把它称为"鹦鹉国"，因为葡萄牙船队从那里带回了几只鹦鹉，并将其作为礼品呈献给葡萄牙国王。葡萄牙国王把这一重复发现地视为从葡萄牙前往印度航线上适宜的中途站。为了考察这块陆地曾经组织过 3 艘船专程前去探险。亚美利哥以天文学家的身份参加过这次探险。

　　1501 年 5 月中旬，航船从里斯本港出发，朝佛得角方向驶去。从佛得角起船队朝西南方向航行。由于频繁的风暴袭击，横渡大西洋共用了 67 天时间，最后，到了 8 月 16 日，圣罗基角在南纬 5°处出现了。8 月底，航船抵达南纬 8°的圣 - 奥古斯丁角，海岸线由此向西南弯转。

　　葡萄牙人继续向西南航行，于 11 月 1 日在南纬 13°发现了巴伊亚。1502 年 1 月 1 日，在南回归线附近，一个优良的港湾（瓜纳巴拉湾）出现在他们的面前。他们以为这是一条河的河口，所以把它称作里约热内卢。

　　2 月 15 日，航船抵达南纬 32°处。这时，葡萄牙军官征得亚美利哥的同意，一致通过将探险队的领导权交给他。亚美利哥决定离开海岸，向海洋东南航行。

　　夜晚变得越来越长了，4 月初的一个夜晚竟长达 15 个小时。航船似乎抵达南纬 52°。在 4 天 4 夜的风暴中出现了某个陆地的一条模糊不清的海岸线，葡萄牙人沿着这块陆地的海岸航行了大约 100 千米，但是由于浓雾和暴风雪阻拦，未能登岸。南极的严冬来临了，于是海员们调头向北航行。他们以惊人的速度航行了 33 天，走过了 7000 千米路程，到达几内亚。他们在几内亚把一条破烂不堪的船放火烧毁了，葡萄牙人剩余下的两艘船经过亚速尔群岛于 1502 年 9 月回到了祖国。

▲亚美利哥在南美发现的一种典型的当地长屋

亚美利哥在 1503—1504 年间所进行的第四次航行仍旧是乘葡萄牙航船完成的。这次航行的目的是寻找通向马鲁古群岛的航线。这次航行中，他已经航行到巴西和圭亚那海岸附近。但是这次探险是失败的，没有获得任何成果。在这次探险失败后，他转向西班牙，并为西班牙人服务，直到他在西班牙当上了主舵手为止。

"美洲出生证"的"出生"

15 世纪的欧洲修道院，不仅仅是一个修行之地，还是学术研究的中心；1450 年，古登堡发明了金属活字印刷后，修道院又成为西方的出版中心。这是西方的文化特色，也是他们的学术传统。

1507 年德意志洛林地区的圣迪耶修道院（今属法国圣迪耶市），一伙热爱天文和地理的人聚集于此，正编制"新世界地图的说明"。当时出现了一本只有 103 页的小册子《寰宇志导论》，负责为本书绘制地图的是一位没有任何航海记录的德国牧师，他叫瓦尔德西缪勒。凭借所能收集到的旧资料和最新海图，瓦尔德西缪勒编绘了一大一小两张全新的世界地图。其中，大地图由 12 张小图拼接而成，总图长 228 厘米、宽 125 厘米。瓦尔德西缪勒在这张图的亚洲的东边海洋中，绘出一片新的大陆，并在这片大陆的南端写上："亚美利加"（America 是 Amerigo 的拉丁文写法的阴性变格），用以纪念它的发现者亚美利哥。瓦尔德西缪勒不仅将亚美利哥的名字放在了新大陆上，而且将亚美利哥的头像与世界地理学的祖师爷托勒密的头像并列于那张新世界地图的上方。全新的世界地图就这样诞生了。

这是人类历史上，第一次用人的名字而不是神的名字，为一个大陆命名。时间是哥伦布死去的第二年。

在地理学的传统里，发现与命名几乎是一对孪生兄弟，不接纳血脉以外的介入。新版世界地图出版不久，瓦尔德西缪勒就发现他对新大陆的命名是不公平的。因为，亚美利哥并不是这片大陆的最初发现者，这种命名显然侵害了别人的发现与命名权。于是在 1513 年重新出版这张地图时，他将原来放置在南美地区的"亚美利加"换成了"未知大陆"，但为时已晚。这部当年就卖出 7000 本的小书，其影响已遍及学界。而 1538 年，地图大师墨卡托又将"亚美利加"这个名字用来标注南、北美洲两块大陆，至此，整个新大陆统一被称为"美洲"。亚美利加——无可更改了。

▼1502 年的南美土著人

巴尔波亚发现太平洋

今天，假如有谁说某人发现太平洋，肯定难以置信。太平洋就清楚的标明在地图上，难道还要谁去发现不成？然而，太平洋真的被发现过，而且这一发现经历了数百年的历史，最后被西班牙人巴尔波亚发现了，并被其命名为"南海"，后来麦哲伦将"南海"改称为"太平洋"。

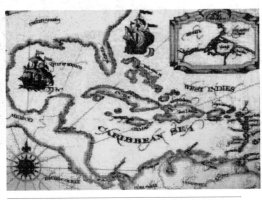

▲加勒比海和部分拉丁美洲大陆的图解地图

自称巴拿马总督

第一个发现太平洋的欧洲人是西班牙人巴尔波亚。据说，年轻的巴尔波亚和当时许多人一样，抱着寻找黄金的美梦，爬上一艘前往"新大陆"的帆船，藏在咸肉柜里，偷渡到哥伦布曾到达过的加勒比海的海岛。他曾经利用同乡的力量到巴拿马进行抢劫，获得成功后，开创了自己的殖民地。

1508年，西班牙的一个殖民者尼库埃斯来到巴拿马，企图占有巴尔波亚开创的殖民地，巴尔波亚把他和几个随从赶到一条破旧不堪的船上，不给任何给养，强制他们离开海岸，尼库埃斯从此消失了。

▼在中美洲，巴尔波亚率领的一支小型远征队击退了当地土著的一次伏击

于是，巴尔波亚成了尼库埃斯这个不走运的总督所率军队残部唯一的领导者。他的手下仅有300名水兵和士兵，在这些人中有一半身体还算健康，他带领这支不大的部队开始对金巴拿马的腹地展开征服活动。

巴尔波亚知道，他的这点力量不足以征服这个地区，于是他利用各土著部落之间的仇视和敌对情绪，与一部分部落结成同盟来战胜另一部分部落。他的同盟者向他提供粮食，或者拨给西班牙人一部分土地并代为耕种。他把敌人的村庄抢劫一空，然后夷为平地，把俘虏来的人出售。邻近一个部落的酋长看到这些欧洲人对黄金如此贪婪，感到十分惊讶。他对他们说，从达连湾向南再走几天路程，那里有一个人口稠密的国家，在那个国家里黄金很多，然而要征服它需要有强大的力量。这个部落酋长还补充说，从那个国家的高山顶尖上能够看见另外一片海，在那个海上航行的船只不比西班牙的船只小。

经过两年之后，巴尔波亚才决定向南海远征。这时，有消息说，西班牙政府把他对待合法总督尼库埃斯的行动视为反对国王政权的一次暴乱。巴尔波亚明白，只有创建令人炫目的功勋才能把自己从法庭审判和绞刑架上拯救出来。

南海的发现

1513年，巴尔波亚乘船沿大西洋海岸向西北航行，他行驶了大约150千米后登上海岸。巴尔波亚和他的几十个同伴翻过了一条山脉，这条山脉上森林密布，西班牙人经常不得不用斧头砍倒树木开路行进。

9月25日，当这位年轻的西班牙探险者翻过地峡的最高点时，他眼前见到的是波光粼粼的南方大海。于是，他把自己所见到的太平洋，命名为"南海"。既然大西洋和自己发现的"南海"，仅为一条狭窄的地峡所隔，为什么不将其挖通，将两大洋连接起来呢？这是人类第一次提出挖掘巴拿马运河的大胆设想。年轻的探险者非常狂妄自大，他自封是"南海"的"海军上将"，继续作他的"黄金美梦"。

9月29日，巴尔波亚驶向被他命名的圣米格尔港。等到海潮来临时，巴尔波亚已经进入水中，高高举起自己领地的国旗，庄严地宣读了公证人起草的证书：我已经为巴拿马国王占领了南部的这些海洋、陆地、海岸、港湾和岛屿，占领了这里的一切……

巴尔波亚返回达连湾的海岸后，给西班牙送回了一份关于他伟大发现的报告，同时呈献国王五分之一所得财物，这些财物是一大堆黄金和200颗精美的宝石。国王政府立即把对他的愤恨变成了对他的宠爱。

▼在一小队人马的注视下，巴尔波亚涉水走入圣米格尔湾，宣布太平洋及其所属区域归属西班牙所有

不久，巴拿马新任总督阿维拉是一个疑心重重和贪得无厌的老头，他率领了一支船队驶向巴拿马地峡。阿维拉来到这个殖民地后，向巴尔波亚宣读了国王的圣谕。虽然圣谕上写明了应对发现南海的人宽大处理，但是阿维拉却在宣读完圣谕的第二天就对巴尔波亚开始了秘密审判。1517年，根据阿维拉下达的命令，这个发现了南海的人因变节罪被送上法庭审判，并被斩首。

人类首次环球航行

▲麦哲伦

在世界航海探险史上，人们永远不会忘记意大利伟大的航海家哥伦布。尽管哥伦布相信地球是圆的，相信横渡大西洋一直向西航行可抵达东方，遗憾的是，他最终并没有实现环球航行的梦想。真正实现环球航行梦想的，是另一位名垂青史的葡萄牙航海家——斐迪南·麦哲伦。

萌生环球航行计划

1480 年，麦哲伦出生于葡萄牙北部一个破落的骑士家庭里，属于四级贵族子弟。10 岁时进王宫服役，16 岁进入国家航海事务厅。在这里，他熟悉了西欧到美洲、非洲、亚洲的航线、地图和有关资料。这为他后来的航海实践准备了理论基础。从这以后，他处处留心，不断积累航海的知识和资料，为以后航海的成功准备了条件。

1505 年，麦哲伦 24 岁，他以一个普通士兵的身份参加了葡萄牙远征队，这是麦哲伦第一次参加远洋航海事业。麦哲伦随探险队来到印度，在印度的几年里，麦哲伦经受了无数艰难困苦的磨练，学会了干各种活，同时也学会了各种知识，为他后来的航行打下了良好基础。在马六甲期间，他了解到摩鹿加群岛以东是一片汪洋大海，于是他就联想到，在美洲和亚洲之间可能还有可以通行的航路，这是他环球航行的最初想法。

在对印度的征战中，麦哲伦表现得非常英勇果敢。在征战中，麦哲伦负了伤，他和其他伤员被远渡重洋运往非洲索法尔城。后来他以护送香料的身份，离开非洲，回到葡萄牙。1507 年夏天他回到了里斯本。

1509 年 4 月，麦哲伦两次随舰队赴印度。由于当时有人描绘了马六甲城的富美景象，并提供了长久以来人们不断寻找的"香料群岛"的资料，这使葡萄牙人想先占领马六甲海峡及马六甲城。在与马六甲居民的这场战斗中，麦哲伦起了重要作用，并在这场战斗中，他拼命救了他的朋友弗兰西斯科·谢兰。从此，他和谢兰成为生死至交，弗兰西斯科·谢兰成为麦哲伦最忠实的朋友，而且对支持麦哲伦未来建立的功勋具有决定性的意义。

环球航行的影响

麦哲伦的突出贡献不在于环球航行本身，而在其大胆的信念和对这一事业的出色指挥，以及他顽强拼搏的精神。他是第一个从东向西跨太平洋航行的人。他以三个多月的航行，改变了当时流行的观念：从新大陆乘船向西只消几天便可到达东印度。麦哲伦船队的环球航行，用实践证明了地球是一个圆体，不管是从西往东，还是从东往西，毫无疑问，都可以环绕我们这个星球一周回到原地。这在人类历史上，是永远不可磨灭的伟大功勋。

在这次掠夺征服马六甲之后，麦哲伦的老友弗兰西斯科·谢兰便决定永远留在富庶的干那底岛。从此后，麦哲伦和他经常通信，从信中又一次得知摩鹿加群岛以东是一片海洋。这些都给麦哲伦以重要的启示，也使麦哲伦开始酝酿形成他自己的设想。通过哥伦布发现的地方，再往西航行，不远就可以抵达摩鹿加群岛。

▲麦哲伦船队的维多利亚号

麦哲伦向葡萄牙国王提出远航摩鹿加群岛（今印尼马鲁古群岛）的计划，遭到拒绝后，于1517年10月迁居西班牙，又向西班牙国王查理一世提出这一计划。当时他在呈递的地图上把南美洲画成从亚洲向南伸出的一个长长的半岛，在半岛同锡兰岛之间则画有一条沟通大西洋和太平洋的海峡。他向国王作证，穿过这条海峡即可到达富裕的摩鹿加群岛。他的计划立即得到批准，与他签署了远洋探航协定。按照协定，麦哲伦被任命为探险队的首领，所率船队的船只由国家提供，航海费用由国家负担。探险过程发现的任何土地，全部归国王所有，麦哲伦充任总督，新发现的土地的全部收入的二十分之一归麦哲伦所有。为了监督麦哲伦，国王又派了皇室成员作为船队的副手。

麦哲伦海峡的发现

1519年8月1日，西班牙的塞维利亚码头热闹非凡。望着前来送行的人群，想到即将踏上远航探险的征程，麦哲伦心潮澎湃，感慨万千。送行的枪炮声响了，麦哲伦心里暗暗发誓："我一定要载誉归来！"随后，他一声令下，一支由五艘大船、265名水手组成的西班牙船队立刻扯起风帆，破浪远航了。

按照计划，麦哲伦沿着哥伦布当年的航线前进。一路上，他率领船员们战胜了无数艰难险阻，镇压了船队内部西班牙人发动的叛乱，终于使全体船员成为自己的忠实追随者。

1520年10月18日，麦哲伦的船队继续行驶在南美洲海岸的南部。这一天，麦哲伦对船员们宣布说："我们沿着这条海岸向南航行了这么久，但至今仍然没有找到通向'南海'的海峡。现在，我们将继续往南前进，如果在西经75°处找不到海峡入口，那么我们将转向东航行。"于是，这支船队又沿着海岸向南方前进了3天。21日，麦哲伦在南纬52°附近发现了一个通向西方的狭窄入口。

麦哲伦激动地看着这个将给他带来希望的入口，坚定地命令船队向这个看上去险恶异常的通道前进。船员们紧张地看着两旁耸立着的1000多米高的陡峭高峰，小心翼翼地迎着通道中的狂风怒涛前进。

海峡越来越窄，没有人知道再往前走面临的是死亡还是希望，但是一种坚定的信念和冒险的精神推动着麦哲伦义无反顾地勇往直前。他大胆而且豪迈地鼓舞士气："眼前的海峡正是我们所要寻找的从大西洋通向东方的通道。穿过这个海峡，我们就成功了！"

在麦哲伦的鼓舞下，船队一步一步地绕过了南美洲的南端。1520年11月28日，船队在经历了千辛万苦之后，突然看见了一片广阔的大海——他们终于闯出了海峡，找到

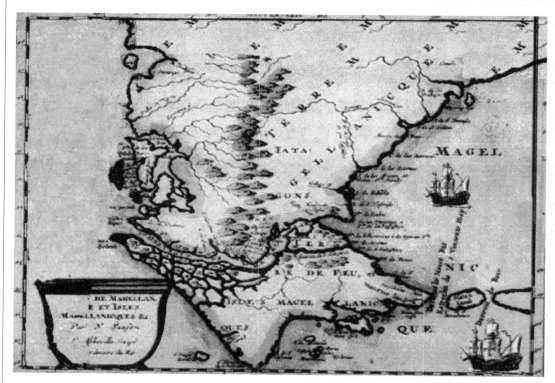

了从大西洋通向太平洋的航道！麦哲伦和船员们激动得热泪盈眶。哥伦布没有实现的梦想，他们实现了！这个海峡后来就被称作"麦哲伦海峡"。

▲麦哲伦绘制的麦哲伦海峡地图

横渡太平洋

进入风平浪静、浩瀚无际的"南海"后，在接下来的航行中，一直没有遭遇到狂风大浪，麦哲伦的心情从来没有这样轻松过，好像上帝帮了他大忙。他就给"南海"起了个吉祥的名字，叫"太平洋"。虽然航行很顺利，但在这辽阔的太平洋上，看不见陆地，遇不到岛屿，食品成为了最关键的难题。船员们忍受着饥饿的折磨，借助于秘鲁洋流的推动，在麦哲伦无情的决定下，进行横渡太平洋的伟大航行。

1521年1月24日，船队终于看见陆地，可能是土阿莫图群岛的普卡。2月13日在西经158°处穿过赤道，3月6日在马里亚纳群岛中的关岛首次登陆，获得99天以来第一次弄到的新鲜食品。

1521年3月16日早晨，船队向西再航行了约2000千米路程，靠近北纬10°的东亚群岛。后来，这个群岛被称为菲律宾群岛。船队在锡亚高岛附近停泊下来。

此时，麦哲伦和他的同伴们终于首次完成横渡太平洋的壮举，证实了美洲与亚洲之间存在着一片辽阔的水域。这个水域要比大西洋宽阔得多。哥伦布首次横渡大西洋只用了一个月零几天的时间，而麦哲伦在天气晴和、一路顺风的情况下，横渡太平洋却用了一百多天。

麦哲伦之死

　　1521年3月，麦哲伦抵达菲律宾群岛。富庶的宿务岛引起了麦哲伦的极大兴趣，他决心把这个异国的岛屿变成西班牙的殖民地。为了征服这块盛产香料的富饶土地，这个坚韧果敢却满怀野心的麦哲伦，企图利用当地部族间的矛盾来达到他的目的。

▲麦哲伦与土著人发生突出

　　在宗教外衣的掩护下，麦哲伦对宿务岛的酋王胡马波纳进行威胁利诱，软硬兼施，让他起誓服从于西班牙国王并成为一名忠实的基督教徒。可是离宿务岛不远的马克坦岛上的小酋王西拉布拉布对胡马波纳的卑鄙行径恼怒万分，他发誓要杀死一切投降者。然而，他手下有一位效忠于酋王胡马波纳的小首领，认为西拉布拉布的行为是不忠，是谋反。他暗地里派自己儿子带上两只山羊求见麦哲伦，要求麦哲伦次日出兵征服西拉布拉布的部落。

　　麦哲伦调了3只小船，挑了60名船员，全副武装，气势汹汹地向马克坦岛进发。他们在黎明前三小时到达了目的地，但没有立即开火。麦哲伦先派人去岛上说服西拉布拉布，使他屈服于西班牙国王，可是西拉布拉布毫不示弱，答道："我们也有戈矛哩！"

　　战斗打响了。岛上的居民打得很顽强。标枪、利箭暴雨般地射向来犯者。麦哲伦一伙寡不敌众，节节败退。麦哲伦命令几名船员去烧岛上居民的房屋，企图以此缓解他们的进攻。没想到，土著一看到自己的房子被烧，变得越发狂怒、勇猛。两个去烧房子的船员来不及逃脱，当场丧命。麦哲伦自己腿上也挨了一箭，只得下令撤退。谁知船员们听说撤退，便抱头鼠窜，丢下麦哲伦和其他六人，直奔小船逃命。土著居民包围了麦哲伦等人。一位勇士刚想用标枪向麦哲伦射去，可麦哲伦先下了手，他把自己的长剑刺入了对方的胸膛。由于用力过猛，再者右臂负伤，他无法拔回长剑。在这一瞬间，其他几位勇士蜂拥而上，把麦哲伦砍翻在地。他在土著居民愤怒的刀枪下一命呜呼。

◀麦哲伦在马克坦岛被土著人杀死的情景

环球航行

虽然麦哲伦开始了人类首次环球航行探险，但他并未完成自己的夙愿就魂断菲律宾群岛，真正完成环球航行的是他的同伴们。麦哲伦死后，为了完成西班牙国王的协议，麦哲伦的同伴们继承其遗志，克服重重困难，载着大批的香料返回里斯本，完成了人类首次环球航行的伟大壮举。

来到马鲁古群岛

麦哲伦死后，西班牙船队推选了新的首领。宿务岛的统治者打听到航船准备离去时，便邀请自己的同盟者出席告别宴会。

此后，航船驶出了宿务岛，不久来到一个海岛的岸边，西班牙人把这个岛称为内格罗斯岛。然后他们又从菲律宾群岛最西边的一个海岛出发，西班牙人作为第一批欧洲人来到婆罗洲（加里曼丹）大岛。1521年7月8日，他们在文莱城附近抛锚停泊，这个大岛也以此城的名称命名。他们与当地的首长们结成了同盟，并在岛上收购各种产品和货物，有时也抢掠过路的船只，但是他们仍然没有找到通往"香料群岛"的航道。

船队继续航行，从文莱航行到巴拉望，又从巴拉望航行到棉兰老岛，他们就这样来回徘徊航行，直到1521年10月底他们在棉兰老岛以南的某地抓到了一个马来亚水手为止，这个水手把他们的航船领向前往马鲁古群岛的航线上。

11月8日，船队在蒂多雷小岛的一个香料市场附近抛锚停泊（马鲁古群岛最大的哈马黑拉岛的西岸）。在蒂多雷岛上，他们以廉价收买了大批丁香、肉豆蔻和另外一些贵重的香料。

由于一条船需要大修，于是他们决定修好船以后取道东行，驶向新西班牙，横渡太平洋，再驶向巴拿马湾，而另外一条船取道西行，绕过好望角返回祖国。

▼ 1521年立在菲律宾宿务岛上的麦哲伦十字架

西航船队完成首次环球航行

11月21日，西航船队运载着60个乘员，其中包括13个马来亚人（这些人是他们在印度尼西亚各岛上抓来的），离开了蒂多雷岛，向南驶去。

1522年1月底，一个马来亚引水员把向西航行的船队导向帝汶岛。2月

▲马克坦岛战役的情景

13日，西班牙人离开了帝汶岛朝西南方向航行，前往好望角。就这样，麦哲伦的同伴们在马来群岛中因迷路所耽误的时间比他们横渡太平洋的时间多出两倍。

5月20日，船队绕过了好望角。在这段航程中，船上的人减少到35人。到了佛得角群岛（圣地亚哥岛附近），又有13个人掉了队。葡萄牙人逮捕了这些人，原因是怀疑他们沿东行航线前往马鲁古群岛，从而破坏了葡萄牙的垄断地位。

1522年9月6日，航船抵达瓜达尔基维尔河河口，在此段航程中又损失了一个水兵。这艘船终于完成了历史上首次环球航行。

麦哲伦探险队的五艘船中只有这艘西航船只环绕地球一周。这艘船在返回祖国时，除去在印度尼西亚抓到船上的三名马来人之外，只剩下18个人了。在圣地亚哥被逮捕的12个西班牙人和1个马来人稍后一些时候返回西班牙，在查理一世的要求下，葡萄牙人才把他们释放。航船运回的香料数量十分可观，把这些香料出售后所得的金钱不仅能弥补探险的全部耗费，而且还挣得了一大笔利润。西班牙政府获得了离亚洲海岸不很远的海上新地的"首次发现权"，即对马里亚纳群岛和菲律宾群岛的首先发现权。同时，公开提出对马鲁古群岛的主权要求。

东航船队的命运

1522年4月，东航船只离开了蒂多雷岛，船上有乘员54人。为了能够利用经常吹来的顺西风，航船在北半球的太平洋热带和亚热带水域乘风破浪地航行了半年之久，一直航行到北纬40°线。在此，他们于7月中旬又经受了一场连续五天的风暴袭击。到了这个时候，饥饿和坏血症已使船员们死亡过半。陷于绝望处境的残存人员转头向后航行，1522年10月，他们重新来到马鲁古群岛。

然而，在1522年5月中旬，一艘葡萄牙舰队来到马鲁古群岛。他们逮捕了西班牙人，查封了船上的货物，拿走了航海用具和地图，无疑也拿走了航海日志。这些西班牙残存的水兵被马鲁古群岛的葡萄牙总督关进牢狱。这些船员中活着回到西班牙的只有4个人，他们就这样完成了环球航行的使命。

马鲁古群岛

马鲁古群岛旧名"摩鹿加群岛"，是印度尼西亚东北部岛屿。山岭险峻，平地少，多火山。古时即以盛产丁香、豆蔻、胡椒闻名于世，阿拉伯人称为"香料群岛"。早在欧洲人听说"香料群岛"之前，马鲁古北部的丁香及中部岛屿的肉豆蔻已在亚洲交易。1511年葡萄牙人到达此地。由此引发了后来100多年的争端。香料生产和贸易繁荣到16世纪，欧洲殖民统治者占领后被摧残殆尽，现在仅有少量生产。

第二次环球航行

德雷克是第一个自始至终指挥环球航行的船长。德雷克带回了数以吨计的黄金白银，丰富了女王的腰包，更重要的是德雷克为英国开辟了一条新航路，大大促进了英国航海业的发展，而且他还发现了宽阔的德雷克海峡，自此以后，太平洋再也不是西班牙的海了。

▲武装严密的西班牙大帆船载满财宝从美洲返回西班牙

铁腕海盗

弗朗西斯·德雷克的一生是充满传奇的一生，他既是一个海盗，又是一个探险家，更是一个杰出的海军将领。他出生于英国德文郡一个贫苦农民的家中，1568年，他和表兄约翰·霍金斯带领5艘贩奴船前往墨西哥，由于受到风暴袭击，船只受到严重损坏。起先，西班牙总督同意他们进港修理，但在几天后突然下令攻击，将英国船员全部处死，仅有德雷克和霍金斯逃离虎口，捡了一条命。德雷克不明白为什么西班牙要屠杀无辜的商人，更想不通的是新大陆的财富凭什么只有西班牙才能享受。从此以后他就有了一颗仇恨西班牙的心，他发誓在有生之年一定要向西班牙复仇，就此确定了其一生的轨迹。

1572年，德雷克召集了一批人乘坐小船偷偷横渡大西洋，躲进了巴拿马地峡，像当年的探险家一样，横穿了美洲大陆，第一次见到了浩瀚的太平洋，在南美丛林里他们蹲守了近一个月后，抢劫了运送黄金的骡队，又抢下了几艘西班牙大帆船，成功地返回了英国，成为了英雄。这次行动的意义并不仅仅在于获得黄金，更重要的是德雷克证明了西班牙人并不是不可侵犯的，他受到女王的召见，并很快成为了女王的亲信。

德雷克被称为"铁

海军将领德雷克

德雷克的一生是充满传奇的一生，他既是一个海盗，又是一个探险家，更是一个杰出的海军将领。1588年5月，西班牙"无敌舰队"与英国海军开始在英吉利海峡布阵，英国方面除皇家海军战舰外，还有私人船舰，其中有"德雷克支队"，德雷克的表兄——海盗船长霍金斯也赶来帮忙，两人准备一起为当年死于墨西哥湾的同伴们报仇。英方的总指挥是霍华德勋爵。战斗时采用了德雷克发明的"纵队战术"，让舰船首尾相接地排列，用舷炮轰击，这是海战史上的一次革命，自此以后火炮才取代步兵成为海战的主角。7月，在德雷克的建议下，霍华德下令采取古老的火船战术，西班牙舰队阵脚大乱，无法保持队形，英舰趁机突击，大败"无敌舰队"，英军一船未沉且死伤不足百人，这就是史上著名的英西大海战。自此以后，西班牙一蹶不振，英国逐渐取代其成为海上的霸主，而德雷克则被封为英格兰勋爵，登上海盗史上的最高峰。

腕海盗"，他是一个权欲极强、办事严厉、情绪狂暴、孤僻多疑和盲目迷信的人，他的这些性格特征在他的同代人中是十分罕见的。德雷克成为一个海盗并不是因为智力过人和敢于冒险，他只是一个大股份公司的老板，英国女王伊丽莎白本人就是这个股份公司的股东之一。女王用自己的私资装备了船只，并与这些海盗们分享利润，同时从这个"冒险事业"中索取绝大部分收益。

▲霍金斯

发现德雷克海峡

1577 年，德雷克开始了他一生冒险事业中最重要的一次行动，这次行动对他来说也是出乎意料的，他成了英国第一个环球航行家（继麦哲伦之后第二次环球航行）。这些海盗们的主要目标是进攻西班牙美洲太平洋沿岸地区。伊丽莎白女王和英国的一些大臣动用自己的资金，支持和帮助了这次冒险行动。他们要求这些海盗们隐姓埋名，因为一旦这件事失败了，这样肮脏的勾当败露出去会有损于他们的声望。德雷克一共装备了 4 艘航船，其中一艘就是著名的"金鹿"号。

德雷克乘着旗舰"金鹿"号直奔美洲沿岸，一路打劫西班牙商船，西班牙人做梦也想不到，竟然有人敢在"自家后院胡闹"。当他们派出军舰追击时，德雷克早已逃往南方。但由于西班牙的封锁，他穿越麦哲伦海峡共用了两个半星期。

驶进太平洋后，德雷克马上急速向北航行。虽然严冬已经过去，但是德雷克的人员仍然遭到寒冷的袭击。这里的风暴把他们长时间地阻拦在极南部的海域。这场风暴一直持续到 10 月底，在长达两个月的风暴中，德雷克那艘孤独的航船"金鹿"号被风暴向南推移了 5° 左右。正是在这种情况下，德雷克发现火地岛根本不是南部大陆的一个海角，而是一个海岛，在这个海岛之外，仍然是无边无际的广阔海洋。真正的南部大陆——南极洲还在火地岛以南数千千米之外。19 世纪，当探险家发现了南极洲之后，人们把位于火地岛与南极洲之间的通道称为"德雷克海峡"。

▼1568 年，西班牙船只在圣胡安袭击霍金斯船队

德雷克调整航向，朝北行进，11 月底，"金鹿"号航船抛锚停泊在奇洛埃岛的附近。岛上的居民对欧洲人不信任，把这些英国人强行撵走了，并且打死两个英国人。然而，再往北航行，大陆沿岸的智利印第安人对这些外来者却十分友好，他们甚至还给英国人提供了一个引水员，这个引水员把英国的这些海盗们顺利地领到了瓦尔帕莱索城。德雷克率领人员大肆抢掠了这座城市，并夺走了一艘停泊在这个港湾满载着酒和"一定数量黄金"的西班牙船。

海盗德雷克继续向北航行。"金鹿"号航船越过南回归线后，海盗德雷克靠近这里的一些港口。西班牙人通过这些港口向巴拿马运送秘鲁的白银。西班牙人认为这个地区是安全可靠的，所以他们在运送这些贵重金属时毫无戒备，于是，大批的黄金和白银轻而易举地落到德雷克的手中。

宣布"白色岩石"之地统治权

穿过麦哲伦海峡返回英国是十分危险的，德雷克预测，西班牙人必将在那里等候着他。于是这个海盗决定穿过西北通道——环绕美洲大陆，然后返回英国。他整修了"金鹿"号航船，带足了燃料、淡水和粮食，开始沿墨西哥的太平洋海岸线向西北航进。他不准备对沿岸的港口大城发动进攻，只是

▲弗朗西斯·德雷克

抢掠一些较小的村镇。从墨西哥起他径直向北航行。

英国的这群海盗在离旧金山湾不远的地方抛锚停泊。英国人登上了海岸，把船上的货物卸下来，准备整修船只。德雷克在这个地方建立了一个营地，并在营地周围设置了防御工事。一群加利福尼亚的印第安人来到营地跟前，他们没有表露出任何敌意，只是好奇地看着这些外来人。英国人向土著人散发了礼物，尽力用手势和表情向他们说明，这些外来人不是天使下凡，如同土著人一样需要吃饭和喝水。于是，一群又一群的印第安人云集到英国人的营地，他们给海盗们带来了五色羽毛和烟口袋。

▼弗朗西斯·德雷克

一天，当地的一个酋长来到这里，他带着一队面目清秀、身材端正的武士，武士们都穿着毛皮斗篷。武士的后面又跟来了一大批赤身裸体的印第安人，他们把长发编成了许多小簇，上面插上五彩缤纷的羽毛。妇女和孩子们排成了长队，男人们在离营地不远的地方唱歌跳舞，一些妇女也跳着舞。德雷克把他们放进营地，他们继续唱着跳着，直到感到筋疲力尽时才停止。

德雷克认为，这是把他所发现的这个地区正式划归英国领地再好不过的时机了。酋长操着英国人不懂的语言走到德雷克跟前，解释了当地"国王"的请求：把这片土地划归德雷克的保护区。于是德雷克代表女王开始对这个地区行使他的统治权了，并把这个地区命名为"白色岩石"。

为了威吓葡萄牙人，德雷克在驶离"白色岩石"之地的前夕，在海岸边建造了一座石柱，上面镶了一块铜牌，铜牌上刻着伊丽莎白的名字、英国人来

到这个地区的日期和当地土著人"自愿服从"女王统治的字样。下面镶上了一个铸有女王头像和国徽图样的钱币，另外还刻上了德雷克的名字。

完成环球航行

德雷克离开"白色岩石"之地后决定穿过太平洋前往马鲁古群岛，所以他朝着马里亚纳群岛的方向航行。在长达68天的航行中，英国人除了看到天空和海洋外什么也没有看到。

到了9月底，海平线的远方出现了一片陆地，这是马里亚纳群岛的一个岛屿。然而，由于逆风的阻拦，德雷克一直延误到11月才航行到马鲁古群岛。他把船停泊在德那第岛附近，因为他事前得知，这个岛上的统治者与葡萄牙人互相为敌，势不两立。事实确实是这样的，英国人通过这个岛的统治者得到了粮食和其他补给品，从而保证能够继续向前航行。这时，英国人的船只急需修

麦哲伦和德雷克的航行

麦哲伦 (1519–1521)
德尔卡诺 (1521–1522)
德雷克 (1577–1580)

▲麦哲伦与德雷克的环球航行线路

理，船员们也需要休息，于是他们在苏拉威西岛以南的一个无人居住的小岛附近逗留了一个多月。

在此以后，这艘船又在苏拉威西岛南部海岸附近的岛群和浅滩迷宫里漂泊了一个月之久，在此期间，碰上了一个暗礁，几乎船毁人亡。在爪哇岛附近，这些海盗从当地居民那里打听到，在不远的地方停泊着一些如同"金鹿"号一样的船只。德雷克决定立即离开这个地方，他一点也不想碰上葡萄牙人，于是他驾船径直向好望角驶去了。

"金鹿"号航船绕过好望角的时间是1580年6月中旬，此后过了两个月才穿过北回归线，最后于1580年9月底驶进普利茅斯港，在这个港抛锚停泊。这艘船从离开英国之日起经过两年零十个月的漫长航行，继西班牙"维多利亚"号船之后，完成了有史以来的第二次环球航行。

丹皮尔的环球航行

17世纪末期，威廉·丹皮尔曾和一群海盗进行环球航行，由于这个原因，一提起他的名字，人们就想到他是个在公海上进行掠夺的海盗。丹皮尔参与了许多不同的航行，他的足迹遍布太平洋西部海域、新几内亚岛、菲律宾和东南亚沿岸地区。1691年，他回到英国。与同伴不同的是，他把自己在远方的经历整理起来，进行了文学加工。他绘制的地图、收集的植物和矿物标本以及他的游记《新环球航海记》，使他在英国家喻户晓。他发表的环球航行的资料，对文学创作作出了巨大的贡献。著名作家丹尼尔·迪福和乔纳森·斯威夫特的探险小说的许多素材，都是从他这里来的。

▲英国私掠者威廉·丹皮尔

第一次环球航行

丹皮尔16岁的时候就去新大陆当水手，他在英国的一艘商船上当过见习水手、水手、后来曾经航行到大西洋的北部水域，他还在印度洋上进行过多次航行。

第三次英荷战争中，他在爱德华·斯普拉格爵士手下工作，1673年6月，他曾上战场打过仗，因身染疾病而回国。第二年来到牙买加，接收了别人送给他的一个种植园，不过很快他又回到了海上。大约在1670年，丹皮尔加入了加勒比海盗集团，在西属大陆的中美洲地区干些无本生意，曾两次拜访坎佩切湾。

1679年，他陪同一群海盗横越达连地峡袭击巴拿马城，在那个地峡的太平洋沿岸抢

丹皮尔对中国人的描述

1687年6月25日，丹皮尔航行至中国海岸，在离广东南部不远的圣约翰岛上岸。航海记对该岛屿的地理、风物等作了总体描述后，把目光转向了岛上的人："该岛的居民是中国人，是中国皇帝的子民，此时归顺鞑靼人。中国人一般个子高、不魁梧、瘦骨嶙峋。他们长脸、高额、小眼睛，有个中间耸起的大鼻子。他们小嘴巴、薄嘴唇。他们皮肤呈灰色；头发黑色。胡须稀而长，因为他们把毛发连根拔掉，只让几根零落的胡须从脸颊长出，但他们却引以为荣，常常梳理，有时还打个结，而且他们的上唇的两边还有两缕类似的毛发往下长。中国古人曾经非常珍惜自己头上的毛发，让它尽量生长，神奇般地用手往后理，然后把辫子卷起在发夹上，最后把它抛到脑勺后，男女都一样。"

夺了西班牙的船只，然后袭击了秘鲁的西班牙殖民地。结果被西班牙人击溃，不得不穿过地峡返回。

丹皮尔一路来到弗吉尼亚，1683年后在私掠船长库克手下做事。他们又绕经合恩角进入太平洋，一年之中，连续在秘鲁、加拉帕哥斯群岛和墨西哥抢劫西班牙人的领土和财产。沿途几股海盗汇集起来，组成了一个拥有10艘船的舰队。库克在墨西哥死去，戴维斯船长出任新首领，丹皮尔则转到了斯旺船长的船上，即"塞格奈特"号。为了躲避西班牙舰队的追捕，他们于1686年3月31日出发横越太平洋，到东印度群岛去闯闯运气。中途船队停靠在关岛和棉兰老岛，在放逐了斯旺和另外36人之后，其余的海盗悠闲地航行，经过了马来半岛、越南、马尼拉、香料群岛和新荷兰（澳大利亚）。

1688年1月初，"塞格奈特"号抵达了澳大利亚西北部靠近金湾的一个半岛附近，停在那里进行休整。丹皮尔利用这段时间上岸，调查研究了周围环境，观察记载了陆地上的动植物和土著。由于这个缘故，后来这里就被称作"丹皮尔半岛"。丹皮尔当时无法确认，这是一个海岛还是一片大陆，但是他坚定地认为，即使是后一种情况，这个地区也不是亚洲的一部分。新发现的地区在他的记忆里是一幅惨淡、凄凉的景象：那里既不生长农作物，也没有果树和蔬菜。他在那里甚至连可以食用的植物根茎都没有找到。他断言，他在那里没有看见过一眼淡水泉流，也没有遇见一只野生动物。但是，他碰到了一些皮肤黝黑的土著人，他们是一些流浪的猎人，这些人所处的文明阶段比欧洲人知道的一切野蛮民族要低得多。这些土著人没有屋舍，完全赤身裸体地行走。

3月，船启航经由苏门答腊岛驶往印度，在孟加拉湾的尼科巴群岛停靠期间，丹皮尔和另外两人被赶了出来。他们弄到了一条独木舟，从岛上划到了苏门答腊岛的亚齐地区，然后在那里搭上了一艘船，绕经好望角后于1691年回到了英国。

勘查澳大利亚

回来后的丹皮尔一贫如洗，不过他的航海日志却有无形的价值。1697年，他将日志整理出版，名之为《新环球航行》，引起了海军部的注意。海军部因而委托他重到新荷兰（澳大利亚）勘查，为日后的扩张作先期准备。

1699年1月14日，丹皮尔受命指挥皇家海军"罗巴克"号

▼1688年，丹皮尔首次踏上了澳洲的土地，他碰上了当地的土著居民，他们正急切地展示他们的飞镖

▲一位不幸的水手被海盗逼着蒙住眼睛在探出船舷外的木板上行走，这是海上生活中经常见到的情景

出发，7月，抵达了西澳大利亚的鲨鱼湾。为寻找淡水，船沿着海岸向东北行驶，发现了丹皮尔群岛和罗巴克湾。由于水手陆续患病，丹皮尔被迫将船驶往印尼的帝汶岛，在那里待了3个月的时间。

1700年元旦，启航向东行驶，抵达了新几内亚，然后转向北方。往东航行时，他绘制了新汉诺威、新爱尔兰和新不列颠诸岛的海岸线，发现了上述岛屿（现为俾斯麦群岛）与新几内亚之间的丹皮尔海峡。

4月，"罗巴克"号被风吹返，于7月3日抵达巴达维亚。经过3个月的修理后，丹皮尔启航经好望角回国。1701年2月21日，在大西洋中的阿森松岛停靠，"罗巴克"号因破损而沉没，大部分文件都随船一起丧失，幸而丹皮尔留存了一些澳大利亚、新几内亚海域的海岸线图纸和信风、海流资料。他们在岛上被困了5个星期，直到4月3日搭上一艘东印度商船，终于在8月回到了家乡。

回国后，丹皮尔遭到了军事法庭的审判。原来在这次航海期间，他曾把一名叫乔治·费希尔的船员放逐到巴西，费希尔回来后向海军部提出控诉。虽然丹皮尔在法庭上愤怒地进行了辩解，但最终被判有罪，对费希尔进行赔偿，并被皇家海军解雇。

第二次环球航行

丹皮尔将1699—1701年的探险经历著成《新荷兰航海》一书出版，然后又重新干上了私掠者的老行当。其时正值西班牙王位继承战爆发，私掠者们为国所用，于是丹皮尔又当上了船长。他指挥一艘拥有120名船员和26门大炮的"圣乔治"号，后又有一艘63人16炮的"五港"号加入，于1703年4月30日出发，对法国和西班牙进行骚扰。途中成功地捕获了3艘西班牙小船和一艘550吨的大船。

1704年10月，"五港"号停留在智利海岸外400英里的无人小岛胡安·斐南德斯岛进行补给，"五港"号上的一个船员塞尔刻克与船长发生争吵，丹皮尔把他放逐到岛上。

　　塞尔刻克带了一些有用的东西上岸，一把枪、子弹、火药，一些木匠工具，足够的衣服和床，烟草，一把小斧子，还有后来证实是最重要的一样东西——圣经。他在海岸附近找了个山洞住下，在开始的几个月里，他非常害怕孤独和寂寞，他不常离开岸边，以虾、蟹为生。最后，他被越来越多的具有攻击性的海狮逼到了内陆，塞尔克刻克发现岛上有大量的芜菁、卷心菜、棕榈树和山羊。

　　丹皮尔把塞尔刻克留在岛上，并忙于处理另一件事情，就是送英国船只袭击南美海岸线，因此，丹皮尔都把他遗忘在这个荒岛上了。直到1710年2月1日，塞尔刻克看见海湾中有两个黑点儿，他确定那是两艘英国船，因为船上飘着英国国旗。他跑向海滩，点了一堆火并疯狂地喊着。丹皮尔奇怪岛上会有火光，他几乎认为塞尔刻克已经死了，他派一艘小船上岸看看。当看到他的营救者，塞尔刻克由于太激动而有好一会儿不能清楚地表达自己。就这样，这个船员孤零零地在那里生活了4年多后，才重返文明社会。后来他的离奇经历成为笛福的小说《鲁宾逊漂流记》的创作素材。

▼因"五港"号上的船员塞尔刻克与船长发生争吵，丹皮尔把他放逐到荒岛上

第三章

深入美洲腹地

对于欧洲人而言，大航海时代是冒险发财的黄金岁月，而对于"被发现"的新大陆土著人民而言则相当于天灾降临。在拉丁美洲的探险中，欧洲殖民者除了用火枪和大炮来攻打印第安人之外，还将欧洲传染病带到了美洲，土著居民对于这些没见过的天花等疾病没有任何抵抗力，他们像虫蚁一般凄惨死去。1521 年，西班牙殖民者埃尔南多·科尔特斯攻取特诺奇蒂特兰城，位于新大陆墨西哥的阿兹特克帝国灭亡。1533 年，西班牙殖民者弗朗西斯科·皮萨罗灭亡了新大陆的印加帝国。欧洲殖民者还实行了文化毁灭政策，强迫臣服的印第安人皈依基督教，传教士们毁灭了难以计数的艺术珍宝和文字资料，这导致了后世对于印第安文明的研究找不到任何有力的资料。在其后的岁月中，美洲印第安文明中最为神秘和富饶的玛雅帝国也不复存在。

在北美洲的探险中，自哥伦布首次登陆以来，欧洲人就渴望夺取和开发"新大陆"富庶的土地。整个 16 世纪和 17 世纪，具有开拓精神的勇敢探险者受黄金、水獭皮、可以定居的沃土的吸引，进行惊心动魄的大西洋之旅。西班牙探险家攫取的土地主要在南部和西部沿海地区，法国猎捕者在最北部的冰雪荒原之地开展利润丰厚的皮货贸易，英国殖民者则集中在东部沿海。直到 18 世纪，勇敢的边疆居民才开始探索无限神秘的大平原，寻求从东海岸到西海岸的通道。

中美洲的征服探险

为了获得更多的黄金和财富，西班牙殖民者用大炮轰开了墨西哥和中美洲其他国家的城墙，用残酷的手段摧毁了印第安人建立的文明，把这里变成了自己的殖民地。在这个征服探险过程中，荷南多·科尔特斯起了重要的作用。

▲荷南多·科尔特斯

征服者科尔特斯

墨西哥征服者荷南多·科尔特斯于1485年出生在西班牙麦德林。他父亲是一个小贵族，他年轻时在萨拉曼卡大学攻读法律。到了19岁他离开西班牙到新发现的西半球去碰运气。1504年他到达希斯盘纽拉岛，在那里的几年时间里，他作为一个乡绅，不劳而获，放荡不羁，虚掷光阴。1511年他参加了西班牙征服古巴的战斗，历经过这场冒险之后，他与古巴总督迪戈·维拉斯凯的妻妹结为伉俪，并被任命为圣地亚哥市长。

1518年维拉斯凯任命他为向墨西哥进军的远征队队长。这位总督由于担心科尔特斯有野心，很快便取缔了对他的任命。但为时已晚，没能控制住科尔特斯。1519年2月，探险队于耶稣受难日在现今的韦拉克鲁斯市登陆。科尔特斯在海岸附近停留了一段时间，收集有关墨西哥形势的情报。他获悉统治墨西哥的阿兹特克人在内陆有一大笔资金，有大量的贵重金属，而且被征服的其他印第安部落有许多人都对他们有切齿之恨。

科尔斯特一心要进行征服，即决定向内陆进军，侵占阿兹特克领土。他的一些士兵因寡众悬殊而感到心惊胆颤。于是科尔特斯在进军前，毁坏了探险队的船只，使得他的手下将士要么跟他夺取胜利，要么就被印第安人斩首，别无他路可走。

科尔特斯征服墨西哥的原因

科尔特斯所表现出的领导才华、勇气和决心无疑是他成功的主要因素。一个同样重要的因素是他有非凡的外交才能，他不仅避免印第安人联合起来反对他，反而还成功地劝服了许多印第安人加入了他的队伍来打击阿兹特克人。科尔特斯的成功还得益于阿兹特克人的有关天堂大丽鹃神的传说。根据印第安传说，这个神教授印第安人农业、冶金和政治；他身材高大，皮肤白皙，长髯飘荡。他许诺重访印第安人后就飘过"东海"，即墨西哥海湾。在蒙特珠玛看来，科尔特斯很可能是正在返回的神，这种恐惧感像是明显地左右着他的行为。西班牙人成功的最后一个因素是他们的宗教热情。科尔特斯对宗教用心十分真诚：他不止一次铤而走险去劝说他的印第安盟友改信基督教，才使他的探险队终获全胜。

墨西哥城陷落

在向内陆进军中，西班牙人遇到了一个独立的印第安部落——特拉斯卡拉人的激烈抵抗。经过一番苦战，他们的大部队被西班牙人打败后，则决定同科尔特斯会师来打击他们所仇恨的阿兹特克人。科尔特斯随后向乔卢拉进军；阿兹特克的首领蒙特珠玛二世计划对西班牙人发动一场突然袭击。然而科尔特斯事先获得了印第安人去向的情报，首先发起进攻，在乔卢拉屠杀了数以千计的印第安人。随即向首都特诺奇蒂特兰（现在的墨西哥城）进军，1519年9月8日他一枪未发就进入了该城。他立即将蒙特珠玛关押起来，使其成为自己的傀儡，看来征战几乎取得了全面的胜利。

但是这时又有一支西班牙部队登上海岸，他们在潘菲罗·纳瓦埃兹的率领下奉命来逮捕科尔特斯。科尔特斯把一部分军队留守在特诺奇蒂特兰，率领余部匆匆赶回海岸，在那里打败了纳瓦埃兹的部队，说服其残部加入了他的队伍。但是当他可以返回特诺奇蒂兰时，阿兹特克人对他的留守部队忍无可忍，奋起反抗。

1520年6月30日，特诺奇蒂特兰爆发了一场起义，西班牙部队伤亡惨重，只好退回特

▲荷南多·科尔特斯会见阿兹特克的首领蒙特珠玛二世

拉斯卡拉。但是科尔特斯又重新充实了部队，翌年5月卷土重来，包围了特诺奇蒂特兰，于8月13日攻陷该城。此后，西班牙人对墨西哥的控制是相当稳固的，虽然科尔特斯需费些时间来巩固对边远地区的征服成果。特诺奇蒂特兰市得以重建，改名为墨西哥城，成为新西班牙殖民地的首都。

阿尔瓦拉多对危地马拉的远征

科尔特斯把他忠实的助手冈萨劳·桑多瓦尔派往墨西哥以南的地方，桑多瓦尔发现了一个居住着萨波台克印第安人的山区，并在特万特佩克湾以

▼荷南多·科尔特斯在墨西哥东海岸登陆，向墨西哥发动进攻

西不远的地区到达南海（太平洋）。他轻而易举地征服了沿海地区，然而萨波台克人对西班牙人进行了激烈的反抗。与此同时，其他的西班牙部队离开墨西哥城向西挺进，他们同样在科利马地区抵达太平洋沿岸。经过了几个月时间，发现了大约从北纬20°到特万特佩克湾约有1000千米长的新西班牙南部沿海区域。

特万特佩克地峡（现今墨西哥最狭窄的一段地方）是由科尔特斯的另一个名叫彼得罗·阿尔瓦拉多的军官发现和征服的，印第安人给这个人起了一个绰号，叫"小太阳"。印第安人不止一次地举行了暴动，阿尔瓦拉多对那里进行了第二次远征。

▲ 1558年西班牙对外征服的地图

征服了特万特佩克地区之后，阿尔瓦拉多依照科尔特斯下达的命令朝东南方向进军，那个地方就是多山之国危地马拉。阿尔瓦拉多的军队，沿着这个国家的太平洋海岸向前推进。他没有用很大的力气便占领了这个狭窄的沿海低地，然而，这里的山民们对西班牙人进行了英勇的抵抗。阿尔瓦拉多使用了科尔特斯的策略，利用土著部落之间的仇视和敌对，在危地马拉低地居民们的帮助下击败了好战的山民。结果，阿尔瓦拉多发现并为西班牙国王正式管辖了这个中美地势最高的山国，他的部队探察了由特万特佩克湾以西的地区到丰塞卡湾1000千米长的太平洋沿岸区。

科尔特斯对洪都拉斯国的远征

直到1524年年底，征服者们在中美的太平洋海岸区并没有发现通往大西洋的任何海上通道。然而，早在人们还不知道是否有条通道以前，即1523年，为寻找这一通道，科尔特斯决定再从加勒比海一边作一次尝试。为此目的，他探察了很少有人知道并且几乎无人去过的洪都拉斯海岸，况且，他在很久以前就听说过，似乎洪都拉斯是一个特别富有黄金和白银的国家。

科尔特斯把他最宠爱的人克里斯托瓦尔·奥里达委任为新探险队的领导人，并派出5

艘船沿韦拉克鲁斯—古巴—洪都拉斯湾的路线航行。过了半年多，科尔特斯收到报告说，奥里达在维拉斯盖斯的唆使下背叛了他，并为了自己的私利占领了洪都拉斯。于是科尔特斯又派出了第二个船队，这个船队绕过古巴径直前往洪都拉斯，并下令无论如何要抓到奥里达。又过了几个月，这个探险队杳无音讯。科尔特斯认为，他既不能相信海洋，也不能相信自己的军官，他必须亲自沿陆路前往洪都拉斯。

▲彩绘玛雅战士陶土俑，玛雅人的武器很简陋，根本无法同西班牙的钢刀和火枪相比

　　1524年10月，科尔特斯率领一支由250个富有战斗经验的士兵和好几千名墨西哥印第安人组成的部队，从墨西哥城出发了。起初他们沿着墨西哥湾的海岸前进，然后，部队进入热带沼泽丛林地带，因为科尔特斯要走最短的路线到达洪都拉斯海岸，所以把尤卡坦半岛撇在北面。但是，为了开拓这条最短的路线，科尔特斯的部队花了半年多时间。食品给养耗尽了，征服者们吃树根充饥。他们劳动极为紧张，几乎常常在水中砍伐森林，打进木桩架设桥梁。西班牙人和他们的同盟者印第安人习惯比较温和而又干燥的墨西哥高原气候，现在却因热带的暴雨和气候炎热大受其苦。穿过佩滕地区的过程，有数十个西班牙士兵和数百个墨西哥人倒下去了。

　　1525年5月初，人数锐减的科尔特斯部队到达洪都拉斯海岸。在半年的时间里，科尔特斯的部队穿过了人们从未踏过的地区。科尔特斯到达那里时仅保住了一条命：他染上了热带的疟疾。

　　此时，墨西哥城的统治权被善于阿谀奉承的萨尔沙尔篡夺了，这个人是科尔特斯从前十分信任的人物。科尔特斯获悉这一情况后，派遣了一个信得过的人返回墨西哥城。这个人秘密潜入首都。次日早晨，无数坚决拥护科尔特斯的人们逮捕了萨尔沙尔，把他关进牢笼，然后严惩了他的同谋者。

墨西哥征服者被解职

　　科尔特斯在新西班牙的政权已经重新建立起来了，但是科尔特斯本人此时重病在身，到了1526年6月才返回墨西哥城。在对洪都拉斯远征期间，寄到西班牙密告他的信件有数百封，按照国王的指令，任命了一个新的总督，结果这位墨西哥征服者正式丧失了他的全部权力。

▼探险队的士兵在墨西哥屠杀一群阿兹特克人

　　科尔特斯回到墨西哥一年之后，由于担心科尔特斯夺取全国政权，新西班牙的总督把他遣送回西班牙（1527年）。西班牙国王命令以隆重的仪式欢迎这个"光荣"的征服者，亲切地接见了他，宽恕了他的全部罪行，并体面地释放了他。国王把最富裕的墨西哥地区的许多领地赐给了科尔特斯，并授予他公爵头衔和新西班牙及南海将军职务，然而这些头衔和职务是有名无实的。

皮萨罗远征秘鲁和智利

皮萨罗被一些作家谴责为大胆的恶棍。他所推翻的帝国，覆盖今天的秘鲁和厄瓜多尔的大部分地区、智利北部及玻利维亚的一部分。这些地区的人口大于南美其他地区人口的总和。皮萨罗对南美的征服，使西班牙的宗教和文化传播到整个被征服地区。

▲皮萨罗，他以不到 200 个欧洲战士之力击垮了印加帝国

向秘鲁进发

墨西哥的征服者攫取巨额财富的消息传到了巴拿马城。既然北部确实存在一个十分富有的国家，那么南部也一定会有另外一个富有的国家，有关秘鲁的各种消息传到西班牙人的耳边。然而，要发现和占领这个国家，必须要有大量的资金。

1522 年，佛朗西斯科·皮萨罗和他的同乡迪耶科·阿尔马格罗组织了一个名叫"长剑与财主"的同盟会，巴拿马总督阿维拉也被吸收到这个组织里。由于缺乏大量资金，这个组织经过多次招募才集中了 100 个士兵和装备了两艘船。

1524 年，皮萨罗和阿尔马格罗起程向秘鲁海岸进行了首次航行，但是他们只航行到北纬 4°处，探索了巴拿马湾以南约 400 千米长的海岸线，到达圣胡安河河口，他们由于食品欠缺，不得不双手空空地返回巴拿马。两年之后，征服者们又进行了一次尝试。在这次尝试中，俘获了几个秘鲁人。这些俘虏证实了南部确有一个领土辽阔和资源丰富的国家，并证实了属于印加人的这个国家是异常强大的。

1527 年，皮萨罗和阿尔马格罗第三次前往秘鲁海岸。由于食品供给不足，同伴们决定分批航行，性情固执的皮萨罗停留在靠近海岸的一个小岛上，阿尔马格罗返回巴拿马去带领援军和领取新的口粮。皮萨罗的手下要求也返回巴拿马，气得满脸通红的皮萨罗向前走了几步，从剑鞘里拔出宝剑，在沙地上划了一条线，然后一步跨过这条线，面对他的同伴们说："卡斯蒂利亚人，这条道路（向南）是通往秘鲁，

▼ 1509 年，皮萨罗来到巴拿马，他以此为基地，对南美进行探险，此图是其在征服的途中

通往财富之路；那条道路（向北）是通往巴拿马，通往贫困之路。你们自己选择吧！"结果，只有 13 个人愿意跟随他。

皮萨罗和他的同伴们感到在这个岸边小岛上并不安全，所以转移到离海岸有 50 千米远的一个名叫戈尔戈纳的海岛上去了。

他们在戈尔戈纳岛上自愿过了半年多的流亡生活，捕猎鸟类和收集可食的虫类充饥才保住了性命。后来援军到达，皮萨罗乘船沿海岸向南航行，在瓜亚基尔湾登上了海岸。在这一带海岸上他们看到了精耕细作的农田和通贝斯城。为了亲自证实印加人的国家是一个富饶而又辽阔的国家，皮萨罗继续向南航行。他在海岸上捕捉到一些马，掠夺了一些毛织的细布、金银器皿，并俘虏了一些年轻的秘鲁人，带上这些战利品，皮萨罗光荣地返回巴拿马。

占领秘鲁

皮萨罗把秘鲁的发现情况告诉了西班牙国王，并建议占领黄金国家秘鲁。皮萨罗得到了查理一世国王的许可前去占领秘鲁，并被委任为那个地区的总督。他找到了科尔特斯，获得了财政上的资助。然后，在他的故乡招募了一批志愿人员，其中有他的三个同父异母的兄弟和阿尔马格罗。

1531 年，皮萨罗率领由 180 人组成的部队，其中有 36 个骑兵，乘 3 艘船从巴拿马城出发。他像科尔特斯在墨西哥一样，对马匹寄予很大的希望。他在赤道附近登上海岸，然后由此沿陆路向南挺进。

1532 年春季，他到达瓜亚基尔湾，并首先完成了夺取普纳岛的尝试。但是当地的印第安人英勇抵抗，致使皮萨罗半年之后不得不带着人员锐减的部队撤离此地。他转移到这个海湾的南岸，来到通贝斯附近，他在此地停留了 3 个月。在此期间，他得到从巴拿马方面派来的增援部队，同时还收集了印加人国家内部情况。此时，印加人发生内讧战争，这场战争是在印加的最高君主雅斯卡尔与他的兄弟阿塔雅尔帕之间进行的。结果，阿塔雅尔帕取得了胜利，成了"篡位者"，并俘虏了雅斯卡尔。

皮萨罗认为这是向这个国家内地进军的有利时机。1532 年 9 月底，他率领自己的大部分人员从瓜亚基尔湾出发，向南朝着卡哈马卡城挺进，登上了高原地带。他们向前推进得十分顺利。

▼印加的国王，他先被皮萨罗押为人质，后又被处死

皮萨罗和阿尔马格罗之死

1536 年，傀儡印加逃走并领导一支印第安起义军反抗西班牙人的统治。西班牙军队曾一度被围困在利马和库斯科。次年，西班牙恢复对国家大部分地区的控制。皮萨罗因西班牙人的内讧下台。1537 年，皮萨罗的密友阿尔马格罗认为皮萨罗战利品分配不公而反叛。后来他被皮萨罗俘获并处死。但事情并未到此为止，1541 年，就在皮萨罗的军队胜利进入印加首都库斯科 8 年以后，阿尔马格罗的追随者攻入皮萨罗的宫殿，杀死了这位 66 岁的首领。

▲库斯科城被皮萨罗率领的征服者攻陷，当地土著不是被屠杀就是被俘虏为奴隶

1532年11月15日，皮萨罗的部队到达卡哈马卡城。次日，他请求与国王谈判，并要求对方只能带5000非武装的士兵。

阿塔雅尔帕的行为实在令人费解。他应该知道将会有什么事情发生。从西班牙人登陆的那一天起，事实已清楚证明了他们的敌意和冷酷无情。可是，阿塔雅尔帕居然允许皮萨罗的军队毫无阻碍地抵达卡哈马卡。只要印加人在山区小道上攻击皮萨罗的部队，而皮萨罗的马队在小道上施展不开，就能轻易地消灭这支西班牙部队。皮萨罗抵达卡哈马卡后，阿塔雅尔帕的行为更为愚蠢。面对敌军，他自动解除武装。更不可思议的是，伏击战本来是印加人惯用的战术，他却不加以运用。

皮萨罗抓住时机，令部队袭击已放下武器的印加人。这场不如说是屠杀的战斗，只持续了半个小时。西班牙人没有损失一兵一卒，只有皮萨罗本人在保护阿塔雅尔帕时，受了一点轻伤。阿塔雅尔帕被俘。

皮萨罗的战略成功了。印加帝国实行的是中央集权，所有权力集中于印加，即国王。印加是神的代表。当印加成了战俘后，印第安人的帝国实际上已经瓦解。为了获得自由，阿塔雅尔帕付给皮萨罗价值约2800万美元的金银财宝作为赎金，结果却是几个月后，皮萨罗将其处死。

1533年，即阿塔雅尔帕被俘后的第二年，皮萨罗的军队开进印加首都库斯科。他选了一个新的印加作傀儡。1535年，他建立利马城，以作为秘鲁的新首都。

对智利的远征

占领秘鲁后，皮萨罗要求已被占领的秘鲁领土由自己管辖，他的要求获得西班牙国王的应允，而与他出生入死的密友阿尔马格罗却被任命为智利地区的总督。智利位于秘鲁之南，还需要对这个地区加以占领。阿尔马格罗被迫服从了这个不公正的决定。

1535年7月初，阿尔马格罗由库斯科出发，沿的的喀喀湖（南美最大的湖）的西岸向东南行进，然后从波波湖东面绕过，再向东南前进，穿过高原地带，向印加国的南部边界线走去。行走了1000千米后，他让自己的军队休整了两个月。西班牙人在边境地区截获了一大批黄金。瓜分这批缴获物大大激发了西班牙人对黄金的渴求。

侦察兵向阿尔马格罗报告说，通往智利有两条道路，这两条道路都同样艰险：第一条路是沿边界线向西，越过安第斯顶峰，通向太平洋海岸，然后向南行进，穿过无水的阿塔卡马大沙漠；第二条路是径直向南，穿过安第斯中央高原地区，在这个地区人们食用的玉米和肉类很难得到。阿尔马格罗选择了第二条路线，因为这条路线距离较短。

　　他们穿过荒芜的高原地区，经过一次战斗之后进入查科大平原。在这个平原上阿尔马格罗得到了一些牲畜和粮食，但是在渡过高山激流时他们却损失了大部分牲畜和粮食。这对探险队来说是一个沉重打击，因为再往前走，即使山川中又小又贫穷的印第安人的村庄也很难遇到。征服者捣毁了印第安人的村舍，带走了全部成年男子，让他们像牲畜一样地搬运东西。西班牙人给牲畜喂食，但却不给这些印第安人任何东西吃，所以他们成百成百地死去。

　　阿尔马格罗朝着智利的安第斯山脉的主峰走去。经过艰苦的行军，他们终于在海拔4000多米的高山上找到了一个山口。白雪刺眼，空气稀薄，风暴和严寒袭击着他们，每向前行一步都感到困难。饥饿的西班牙人瓜分了死去的马匹，印第安人只好用死去的同伴们的肉来充饥。在整个进军过程中，由于疲惫、寒冷和超越体力的劳动，大约有1万名印第安挑夫死亡了，损失了100多个西班牙人和许多马匹。

　　此后，这些征服者穿过智利的沿岸陆地继续向南推进，朝着科金博走去。阿尔马格罗从科金博派出了一些部队向南行进，他们探察了直到马乌莱河的智利中部地区，但是他们在任何地方都未找到珍宝。

　　阿尔马格罗决定撤离这个地区，但是他选择了另外一条撤离路线，即沿海岸的路线。返回的路线要穿过阿塔卡马沙漠，经过沙漠时由于缺少水和饲料，阿尔马格罗又损失了数十匹马。他把全部人员分成若干小队，自己带领一部分人作为后卫队。穿越沙漠后，他在阿雷基帕踏上了高原，1537年，他回到了库斯科城，来去行程共计5000多千米。

▲皮萨罗的同乡迪耶科·阿尔马格罗

▶1538年7月，阿尔马格罗被皮萨罗杀死

寻找传说中的黄金国

自从人类社会把黄金当作货币以来，就不断有人在做黄金梦。自从哥伦布发现了新大陆以后，许多人把寻找黄金国的目光转向了美洲。皮萨罗在印加帝国掠夺黄金的消息，进一步激起了西班牙冒险家们的贪欲人。更多的西班牙冒险家们漂洋过海，不惜生命危险，如痴如狂地奔赴南美丛林，想要从这里掠夺更多的黄金。他们得到的黄金越多，就越是想这么多黄金从何而来，也就越相信只要穿过更多的高山大盘，密林丛莽，必定还会获得更多的黄金。这些探险活动的结果，使得欧洲殖民者逐渐深入到南美洲大陆的腹地。这些探险过程，就是殖民者对印第安人的征服过程。

黄金国的传说

在南美和中美的许多地区，征服者多次听到过印第安人关于镀金人的各种各样的传说。这个镀金人在西部某个地区统治着一个富有黄金和宝石的国家。每天早晨，镀金人把细小的金粒如同粉一样地擦到自己身上。到了傍晚，他又洗去身上的金粒，这些金粒沉落在一个圣湖的水中。尽管这个传说含有明显的荒诞无稽的幻想色彩，但是镀金人并非是虚构的。

镀金人的神话主要是建立在流传于穆依斯克的印第安部落中真实的宗教礼仪基础上。处于较高文明水准的穆依斯克的故地位于南美西北部的山脉之中，他们最主要的首府和中心是波哥大城。穆依斯克人敬奉许许多多自然现象，但是他们特别敬拜的是太阳和水，对太阳的贡品主要是金砂和金制的器皿，他们也把这些贡品献给水神。

每次举行最隆重的祭祀活动时，都要选举一个新的最高的祭司，这个祭司同时也是部落的最高领袖。这个祭司来到湖边木排上，木排上装满了由黄金和绿宝石制成的贡品。祭司脱

◀刊载于1535年出版的一部西班牙史书上

去衣服，全身涂上了拌油的泥，然后从头到脚抹上黄金粉末，他的全身像太阳一样闪闪发光。此后，木排离开湖岸，驶到湖的中心，这时，新的最高领袖把木排上的全部珍贵贡品抛入水中，献给水神。在发生灾荒或取得胜利之后，他们在湖边总要举行盛大的祭祀仪式。

发现产金地区

在 16 世纪初的几十年间，许多冒险家为了寻找黄金国，远渡大洋来到南美洲，但都未如愿，有不少冒险家被当地的印第安人打死。尽管如此，为了找到黄金国，人们还是前仆后继地来到这里。

1526 年，西班牙人在加勒比海的南部沿岸地区牢固地站稳了脚跟，他们在马格达莱纳河口以东建造了一座沿海要塞圣玛尔塔，这座要塞成了西班牙人向马格达莱纳河流域上游和安第斯山区进军的基地。

在最初的数年里，一些小股部队仅敢对邻近的山区和沿海地区进行较短距离的出击。1533 年，西班牙人埃雷迪亚率领一支部队在圣玛尔塔西南 200 千米的地方登陆，并在那里建起了叫卡塔赫纳的一座城，该城在这个地区与外部世界的商业联系中很快发挥了重大作用。

经过数次流血的战斗之后，埃雷迪亚打败了沿岸的印第安部落，并向南推进。他在卡塔赫纳城以南 150 千米发现了西努河谷地，那里居住着稠密的穆依斯克人。穆依斯克人的庙宇里有很多珍贵的宝石和黄金制品，在他们的古墓里这样的珍宝更多。

在一次远征中，埃雷迪亚在西努河谷地以东相毗邻的山里发现了一连串古墓，从这些古墓中挖出的珍贵宝石和物品数量极大。为了巩固这个丰腴之地，埃雷迪亚重修了奥赫达在阿特拉托河口建造的要塞（圣塞瓦斯蒂安）。埃雷迪亚从这个要塞出发，在三年的时间里向

▲西班牙人的残忍得到了报应，印加人用同样残忍的方法折磨他们。印加人将溶化的金水灌进俘虏的喉咙中，还有些人被烤食

南和向东南进行了多次袭击，直到把这个地区的印第安人和当地的古墓抢光盗净为止。

埃雷迪亚有一个葡萄牙人军官，名叫胡安·塞萨尔，他率领了几十名士兵去寻找黄金国。他在沼泽地的森林中找了 9 个月之久，发现了盛产黄金的大河——考卡河。起初，塞萨尔和他的人员获得了许多黄金，这些黄金有从村庄里抢掠来的，也有从流入考卡河含金的溪流中淘出来的。然而，附近许多村庄的印第安人联合起来把这支人数不多的西班牙部队包围了，塞萨尔最后携带着沉重的黄金向北部逃窜。南美的这个最重要的产金地区就是这样被发现的，这个地区在后来的 4 个世纪中提供了大约 150 万千克黄金。

奥尔达斯的探险

与塞萨尔在西部山区找寻黄金国的同时，西班牙人奥尔达斯得到查理一世国王的批准，前往南美洲的东北部地区进行殖民活动。

1531年，奥尔达斯率领几艘船前往亚马孙河的河口，奥尔达斯的士兵登上海岸后，即开始抢掠印第安人的村庄，他们在农舍里常常找到一些透明的绿色石块，并把这些石块当作绿宝石。从被俘的印第安人口中，他了解到，沿着这条河向上游走几天时间，河岸边耸立着一段高大的石崖，这段石崖全是宝石。

▲西班牙人为了找到传说中的"黄金国"，折磨当地的土著人

奥尔达斯派船队沿这条大河向上游航驶，但是突然发生的风暴把他的船只吹得七零八散，他的船只几乎全部沉没。遇难的船员们费了九牛二虎之力才爬上两只小船，得以生存。奥尔达斯放弃了寻找绿宝石石崖的活动，驾船出海，转往西北方向，以便航行到西班牙最近的一块殖民地去。他沿着海岸向前航行，到达奥里诺科河口。

奥尔达斯两艘船沿这条河逆水而上，这条河在无边无际的平原上蜿蜒奔流。他朝西航行了大约1000千米路程，一直航行到一些瀑布阻止他前进的地方。据印第安人说，在西面的山区，在这条河流上游有一个镀金人统治的国家。于是奥尔达斯开始沿河道向上行驶，这条河道通向他渴望已久的目的地。奥尔达斯航行了近100千米，但是他被迫退回来了，原因是他携带的给养不足和士兵们身染疾病。

对奥尔达斯本人来说，这次探险是痛心的和失望的，因为他所发现的是一个地域辽阔但几乎无人居住的国家。但是，奥尔达斯的这次探险意义重大。他证明了从大陆西部高原奔流而下的这些大河向东流去，汇入大西洋，他还发现了这些河流经了利亚诺斯草原。他以亲身的经历确信，奥里诺科河及其支流构成了一个纵横交错的内陆航道水系，这些航道使人们能够深入到南美大陆的腹地。

恺撒达的探险

继奥尔达斯的探险后，驻守在圣玛尔塔的恺撒达对寻找黄金国表现了很大的积极性。起初，他领导了几支不大的探险队向南挺进，沿马格达莱纳河河谷朝上游走去。由于泥泞的沼泽和茂密的森林所阻，沿这条河谷北部地区取道陆路行走十分困难。

1536年，当恺撒达沿河行进到它的上游时，遇到了一艘土著人的船，船上载运着食盐和棉布，棉布质地结实，图案精巧，花纹鲜艳。这时他已确信，在离他与那艘船相遇不远的地方有一个高度文明的国家。于是他决定沿那艘船航驶的河流进行跟踪，追上了那艘印第安船只。

▶西班牙人为了找到了传说中的"黄金国"，严刑拷打土著人

　　不久，恺撒达的船队毁于马格达莱纳河的激流瀑布中，他不得不带领自己的士兵穿过广阔的沼泽地和森林区。走出森林区，他们来到了昆迪纳马卡高原，在这里他们发现了一片高地，这就是穆依斯克人的中心地区。他发现到处是玉米田和马铃薯地，穆依斯克人的住房是用木头建造，或是用黏土修筑的，房里的家具很简陋，村庄和城镇的居民人数很多。他们的庙宇具有原始建筑的风格，但是外层包着金片，这一切给西班牙人留下了深刻的印象。除了黄金外，穆依斯克人不会开采和冶炼其他任何金属。全国的河流都盛产黄金，庙宇里有许多黄金，陵墓里保存着许多珍宝和金制的神像。

　　征服者采用种种残暴手段，占领了昆迪纳马卡高原。1538年，恺撒达在这个地区建成了一座城市，名叫圣菲（后易名为波哥大）。从此，这里成了西班牙的殖民地。恺撒达虽然找到了穆依斯克人，但仍然没有找到传说中的黄金国，后来他又在奥里诺科河流域进行了两次的探险，还是没有发现黄金国的踪影。

　　此后300多年里，先后有几百支探险队，怀着疯狂的黄金梦来到南美丛林，但进去的多，出来的少。在寻找黄金的路上，不知留下了多少冒险家、士兵和印第安人的冤魂。但那个神秘的黄金国却还是无法找到。

◀安第斯山脉上矗立着的一座伟大的印加城市——马丘比丘，西班牙人始终没有发现这个地方

发现亚马孙河

1541 年，西班牙探险家弗朗西斯科·奥雷连纳首次对亚马孙河进行了为期 172 天的探险漂流。与以往其他探险活动所不同的是，奥雷连纳的探险活动并非是一次计划周密的行动，甚至连最起码的行前准备都没有，而是"偶然"间"误打误撞"地进入了亚马孙河。就是这次"误打误撞"，使亚马孙河得以被标在世界地图上，奥雷连纳的名字也由此在世界探险史中占据了独立的一席。

▲ 19 世纪描绘的亚马孙人的图像，可以看到他们身上的装饰物和头饰

早期的探险征战

奥雷连纳与秘鲁征服者弗朗西斯科·皮萨罗是同乡，据说两人还有点亲戚关系。由于受到当时广泛流传而又令人着迷的有关新大陆传说的影响，像许多地位卑微而又心有不甘的西班牙人一样，他决定到海外新世界去冒险，想以此改变自己的命运。当时在塞维利亚等船出海的人真是一拨又一拨，就这样他来到了西印度，一开始是在尼加拉瓜等地追逐财富，但收获似乎不大。所以当他得知皮萨罗在巴拿马要召集士兵去征服富庶的印加帝国后——尤其是这位司令还是他的同乡兼亲戚，就毫不犹豫地加入过来。

此后奥雷连纳跟着皮萨罗一路探险征战，立下了汗马功劳。1535 年，他在征服基多地区的一次战斗中眼睛受伤。1537 年成功地建立了厄瓜多尔的最大海港瓜亚基尔。次年，由于在皮萨罗与阿尔马格罗两个主要征服者之间的内斗中，他帮助前者出了大力，更被皮萨罗视为心腹。因此被封为瓜亚基尔的统治者。奥雷连纳终于实现了当初来新大陆的奋斗目标，成为一个既有地位、又有财富的人。当然他并不会安心于此，因为西班牙征服者具有一种与生俱来的狂热性格——换句话说，就是对黄金财宝具有无止境的渴求。不久他又动身参加了为寻找"肉桂之乡"而进行的一次以多灾多难而闻名的探险远征。如果不是那次探险，他在历史上肯定不会如此有名。

▼ 奥雷连纳的半身雕像

寻找"肉桂之乡"

1540 年，皮萨罗封自己的弟弟冈萨罗·皮萨罗为基多都督。冈萨罗曾耳闻基多东部"肉桂之乡"的传说，所以刚到任没几天，就迫不及待地宣布要去寻找那个地方。他还向奥雷连纳发出了号召，要求给予支援，并且没等后者赶到就动身走了。此人曾宣告说，一旦找到香料，就可以使成千上万印第安人改变信仰，"大大为上

▲冈萨罗出发

帝效劳……王室就可以取得极大的利润，增加很多财产。从这项新的事业还可以指望得到很多别的好处，发现很多别的秘密"。从这番冠冕堂皇的话里，我们不难看出，所谓的十字福音与宗教狂热只不过是那些人身上的一层外皮，揭开来看，里面鼓荡的却是世上最贪婪的欲望。

奥雷连纳接到通知后立即准备，召集人马。然后他率领23名同样梦想发财的西班牙人上路，赶到基多，方知冈萨罗已经动身，只好在后面急急追赶。在翻越寒冷而又险峻的安第斯山脉时，遭受了巨大损失，有几个西班牙同伴被寒风吹冻而死。14匹马只剩下了3匹，服装、给养几乎一点不剩，他的财产就此损失殆尽。翻过高山来到了低地，气候急剧变化，严寒继之以酷热，让他们透不过气来。好不容易才在苏马科火山附近的莫蒂赶上冈萨罗的队伍，后者的处境也强不了多少。

合并队伍后，又经过几个月的艰苦跋涉，跨越了许多沼泽和山涧，他们终于发现了成片的肉桂树林，这种树上长着珍贵的肉桂皮。这对于西班牙人和印第安人来说都是一种奢侈品。按说目的已经达到，该回家了，可是不久前冈萨罗曾在路上偶然遇到一些土著人，听说再往前走十来天的路程就是一片盛产黄金的富饶土地，而且居住着人口众多的民族。冈萨罗毫不迟疑，下令继续前进。然而他们一头撞进广袤无边的原始森林，就此倒了大霉。

被困纳波河

为了获得更多的财富，奥雷连纳与冈萨罗便沿纳波河河谷地继续向下游挺进。然而，他们只有少量的船只可供航行，而沿纳波河河谷步行又是不可能的，因为纳波河两岸绝大部分地区属于沼泽地带，沼泽后面就是莽莽无际充满瘴气与凶险的热带雨林，没有人烟，只有凶猛的野生动物时常出没。西班牙人忍饥挨饿，许多人染上了黄热病，人员开始大量死亡。

在这种情况下，冈萨罗派奥雷连纳率领一批身体比较强壮的人，乘坐一艘他们在当地建造起来的二桅帆船

▼ 1548年，自封为秘鲁国王的冈萨罗被抓获

▲ 1545 年 12 月，奥雷连纳回到亚马孙河河口，继续探察这里的小岛，但在 1546 年他死于一种热带疾病

沿纳波河向下游航行，进行探路和寻找给养地。冈萨罗则率其他人在原地留守。然而，奥雷连纳这一去却再没有返回冈萨罗的驻地。历史上有一种说法是，奥雷连纳想"不惜背着叛变的名义去独占荣誉，或者取得发现的收益"。由于等不到奥雷连纳一行归来，冈萨罗被迫率众踏上返回太平洋海岸的道路。

那么，事实真相又是如何呢？ 1541 年，当奥雷连纳在纳波河与冈萨罗分手时，奥雷连纳的船上共有几千人，其中有两个神职人员，一个名叫卡斯帕尔·卡瓦哈里的神职人员记述了这次探险的经过。按卡瓦哈里所记述的关于奥雷连纳之所以没有返回原地的说法是：水流湍急的纳波河，只两天的工夫就把他们的船冲到了离分手地有好几百千米的地方，由于下雨，上游来水十分迅猛，逆水航行返回原地已经不可能了，他们只能继续向前。

由于已经无法返航，奥雷连纳遂决定随波逐流，直到大海。在奥雷连纳随身携带的南美地图上，在巴西的中北部并没有一条能够注入大西洋的河流。但奥雷连纳认为，他们的船既然被河水不断地往下冲，不管他们最终将会到达什么地方，按照常识，河流最终总是要流向大海的，不是太平洋就会是大西洋。只要进入了大海，他们这些人就会得救了。

发现亚马孙河

从当地印第安人那里得知，他们离一条很长很宽的河流已经不远了，那是一条"如海洋一样汹涌的河流"。他们在一个印第安部落那里取得了足够的给养，于 1541 年 2 月 1 日开始向那条大河航行。1541 年 2 月 11 日，他们航行到三条河流汇集的地方，三条河流中有一条大河真的如传说中"宽阔如同海洋一般"，后来证实，他们来到的是亚马孙河

奥雷连纳之死

亚马孙河探险 9 个月后，奥雷连纳重回亚马孙地区进行征服和殖民。根据当时的惯例，那个地方被授予了一个西班牙的地名，叫做新安达卢西亚。王室委任他为新安达卢西亚省的都督，准许建造两艘帆船，招募不少于 200 人和 100 匹马的远征队伍，在亚马孙河的河口建造两个城镇。1944 年 2 月 18 日，奥雷连纳指挥着装有 400 人的船队出发了。圣诞节前，他们终于抵达巴西海岸，并深入到了三角洲。在那里海船就失去了用武之地，结果搁浅了。奥雷连纳就下令造了一艘小船，然后带着一队人马去寻找粮食，顺便探测一下河流的航道。等他们回来一看，留下的人全都不见了。原来那些人另外造了一艘小船，然后沿着海岸逃到马加里塔岛去了。这下奥雷连纳心里可就有些惶惶然了，身边已经没有多少人，事态严重。不久又发生了更加雪上加霜的事情，他们遭到了印第安人的攻击，共有 17 人被毒箭射死。奥雷连纳心力交瘁，患上了当地热带森林的传染病，于 1546 年 11 月的某一天伤心地死去。

▲亚马孙河的密林深处

的上游——马拉尼翁河。

奥雷连纳将船驶入马拉尼翁河，并不断向下游漂流。河水把他的船不断地向东推进，他的船所经过的都是文明人未曾到达过的地区，奥雷连纳坚信，这样不间断地向东漂，他们一定能够到达未知的海洋。在马拉尼翁河河口，一条更大的河流展现在他们眼前，简直把他们"震撼"了。这时的奥雷连纳觉得他们已经离海洋不太远了，便命令全速向这条大河的下游行驶。然而，时间一天一天、一个星期一个星期地过去了，他们仍然顺水向下游漂流，始终没有看到靠近海洋的任何迹象。他们只看到一条又一条巨大的支流不断地注入到这条大河里。神父卡瓦哈里记载道："当我们驶近岸边时，看到岸边布满了不可逾越的赤道原始密林，无数小溪及支流出现在我们面前。一种使人难以忍受而又是不可抗拒的灾难——蚁虫，经常折磨着我们。"

1541年6月24日，据卡瓦哈里的记载，他们在河岸发现了一个"特殊的"村庄，这个村庄里居住着"一些浅肤色的女人，这里只有女人，她们与男人毫无交往"。这些女人留着长长的发辫，身体强壮有力，她们的武器是弓和箭。她们向奥雷连纳一行进行了攻击，结果被打败了。在这次战斗中她们损失了七八个人。在卡瓦哈里有关奥雷连纳发现亚马孙河的记述中，这个地方给当时欧洲大陆上的人留下了深刻的印象，因为这个地方使欧洲人联想到了古代希腊神话传说中所说的"女儿国"。本来，奥雷连纳最早是想以自己的名字来给这条大河命名的，他甚至已经把"奥雷连纳河"的名称标在了自己的地图上，但后来这条大河在欧洲却被人们普遍称之为"亚马孙河"。

亚马孙河就是"女儿国的河流"，为了探寻那个被奥雷连纳称之为"亚马孙部落"的"女儿国"，许多欧洲探险者纷至沓来，却全都无功而返。有学者指出，一定是奥雷连纳他们把生活在那一带的留长发的印第安武士误认为是女人了。尽管它最终被证明是一个"误会"，亚马孙河的名称却被保留了下来。

最后，奥雷连纳指挥的帆船终于驶入了一个"淡水海"，即这条大河的河口，奥雷连纳宣布，他们发现了从太平洋进入大西洋的"捷径"。这是1541年8月2日的事。他们从纳波河河口沿马拉尼翁河、亚马孙河直到大西洋的全部航行时间为172天。

▼亚马孙河

1541年8月26日，奥雷连纳在稍事休整后，在没有罗盘和足够舵手的情况下，指挥帆船驶入了大西洋，并沿着南美大陆的海岸向北航行。人类由此完成了首次全程探险亚马孙河的壮举。

卡尔迪耶的探险

在 16 世纪里，对北美地区许多最重要的发现是与一些法国海盗的名字联系在一起的，其中最著名的是法国人杰克·卡尔迪耶，他最早对纽芬兰海岸和圣劳伦斯河探险，取得了许多重要的发现。随着这些最重要发现而进行的是对北美东北海岸殖民化的种种尝试。

对圣劳伦斯湾的探险

1534 年 2 月 20 日，法国人杰克·卡尔迪耶受法国海军司令的委托向西航行，去寻找前往中国的北部海路。

卡尔迪耶指挥两艘船用 20 天时间穿过大洋，航行到纽芬兰的东部海岸，但由于冰层阻拦他无法登上海岸。卡尔迪耶沿着冰层的边缘向西北航行，到达纽芬兰的北部海角，停泊在被冰层封冻的一个海湾附近。6 月 9 日，一场风暴把冰层吹散了，卡尔迪耶开始缓慢地向西南移动，穿过了贝尔岛海峡。卡尔迪耶详细地考察了纽芬兰和拉布拉多之间的这个海峡两岸。

穿过海峡后，卡尔迪耶驶进一个巨大的海湾，他把这个海湾称为圣劳伦斯湾。然后，卡尔迪耶穿过海湾朝西南航行，他发现了一组不大的海岛和一大片半岛的陆地，这片土地是爱德华太子岛。卡尔迪耶对这片土地甚感兴趣，但是他没有在那里登岸，因为没有找到合适的港口。继续向西航行，他发现了一个海水很深，伸入陆地很远的海湾，名叫沙列尔湾，意为"酷热的海湾"。在这个海湾里，卡尔迪耶第一次遇见乘着独木舟向他们航船驶来的印第安人，那些印第安人身穿用某种动物皮缝制的衣服。法国人与印第安人进行了贸易。

卡尔迪耶驶出这个海湾后，转头向北航行，又发现了一个不大的海湾——加斯佩湾。他在加斯佩湾的岸上竖起了一个高大的十字架，上面写着"法国国王万寿无疆"。

卡尔迪耶离开了被他发现的这片陆地（加斯佩半岛）后，向北航行，穿过宽阔的加斯佩海峡，又看见了很大的一片

▼北美的土著人在寻找黄金

▲首批到北美大陆的探险者寻找的是黄金和荣耀，他们与当地土著人的摩擦不断

陆地，这是安蒂科斯蒂岛。卡尔迪耶沿这个岛的南岸航行，然后又绕过它的东部海角，继续沿着它的北岸向西航驶，一直行进到起初十分宽阔后来越变越窄的海峡之中，在此，一股强大的水流从西奔来。由于两艘船的船长再三恳求，卡尔迪耶停止了继续前行的通道，并返回法国。

发现圣劳伦斯河

1535 年，卡尔迪耶再次来到圣劳伦斯湾。绕着安蒂科斯蒂岛，他穿过了位于该岛北部的明根海峡，并在这条海峡东面的一个不大的港口抛锚停泊。然后他开始向西航行。在安蒂科斯蒂岛以外，海峡十分宽阔，可是越往里行进，这个海峡变得越狭窄。卡尔迪耶驶进一条水流湍急的河，这条河的两岸森林茂密，河水由西南流向东北。于是他把这条水流命名为"圣劳伦斯河"。

卡尔迪耶驶进印第安人称之为"死河"的河口，在这条河的下游航行，间或靠近高耸的崖石河岸。他认为，在这些山崖的断壁中有许多含有黄金和宝石的岩石，因为印第安人曾经不断地提过一个名叫萨格讷的神话般富饶的地区。于是，他以"萨格讷"的名称来命名圣劳伦斯河的这条支流。

圣劳伦斯湾的沿岸地区和卡尔迪耶驶进的河湾两岸几乎是荒芜的沙漠，但是从萨格讷河口向上，他们在长满森林的河岸边常常遇到印第安人的村庄。这个地区的居民十分稠

▲1534 年 2 月 20 日,法国人杰克·卡尔迪耶受法国海军司令的委托向西航行,去寻找前往中国的北部海路,他来到了纽芬兰海岸和圣劳伦斯河海湾

密。印第安人把自己的村庄叫作"加拿大","加拿大"这个词纯粹是个居民村庄的名称,后来演变成了对新世界整个北部地区的通称。

居民们很有礼貌,他们以歌舞来欢迎这些法国人。印第安人的首领们与法国人签订了一个友好同盟协定。卡尔迪耶向印第安人散发了铜制的十字架,建议他们亲吻十字架,以此方式"介绍他们参加基督教"。他在河岸边许多地方竖起了高大的木制十字架,上面写着"这个地区归属于法国国王法兰西斯一世"。这样,辽阔的海外殖民地——加拿大,就从此开始了。

住在离海不远的印第安人劝告卡尔迪耶说,沿这条大河向上航行是非常危险的。在河道变得很窄的地方,卡尔迪耶乘一艘船逆水向西南继续航行。他探察了 600 多千米长的河岸,一直行进到渥太华大河的黄色河水与圣劳伦斯河清澈透明同时又呈淡绿色的河水相汇的地方。再往上是险要的瀑布。在两条水流相汇的地方耸立着一座长满林木的山峰,卡尔迪耶把这座山峰命名为"国王山",它的读音是蒙特利尔,这个名称被用作指称法国人后来在这个地区建起的一个加拿大城市。

当时正逢晚秋,卡尔迪耶调头返回。当地印第安人拿来皮毛换取欧洲商品,并给这些外来人带来了对坏血症有特效的果品。卡尔迪耶向他们打听,这条河从什么地方流来,印第安人指着西南方向,用手势解释说,那里有一些十分宽阔的大湖。然而卡尔迪耶认为,圣劳伦斯河好像是与太平洋相连的,他所发现的陆地好像是位于亚洲境内。

▼一个休伦部落村庄,杰克·卡尔迪耶第一次在圣劳伦斯河上航行时与休伦人进行贸易

1536 年,当卡尔迪耶安然无恙地返回法国后,法兰西斯一世正式宣布了在所谓"亚洲"的这些伟大发现,并把加拿大地区划入法国版图。

卡尔迪耶第三次探险

1542 年,卡尔迪耶企图继续探察圣劳伦斯河的水流,但是他从蒙特利尔只向上航进了数十千米,激流和瀑布阻止

了他的船只继续前进。卡尔迪耶把注意力集中在又宽又深的萨格讷河上，因为这条河的河水在很多地方比圣劳伦斯湾还要深。

卡尔迪耶手下有一个名叫阿方索的葡萄牙舵手，卡尔迪耶命令他穿过萨格讷河尽可能向更远的地区航行，他航行到萨格讷河流经的圣约翰湖，然后返回，他报告说，这条河上游越变越宽，好像是一条通往海洋的河流。

阿方索的这次航行是对加拿大北部腹地的首次探索，阿方索还探察了拉布拉多的海岸，竭力想绕过这个半岛，并在遥远的北方找到前往太平洋的通道。然而离贝尔岛海峡不远的冰层阻止了他的航行。他转头返回，沿着大陆的东海岸航行到42°线。在此他发现了一个很大的海湾，但是他没有穿过这个海湾。根据他所测定的纬度，他发现的可能是马萨诸塞湾。

尽管这次探险失败了，但是，卡尔迪耶在1542年返回法国后，不仅在法国而且在西欧许

▲这是一张 16 世纪法国人画的北美图

海盗维拉察诺

在法国的海盗中，还有一个与卡尔迪耶齐名，他就是维拉察诺，他出生于佛罗伦萨，但为法国人服务。西班牙人对他的抢掠行为无不知晓，西班牙人称他为胡安·弗罗林，正是他抢夺了科尔特斯在1520年从墨西哥派出驶往西班牙的首批两艘船只，这两艘船装满了黄金和其他珍宝。1524年1月，维拉察诺乘一艘船到达马德拉群岛和哈得孙河，维拉察诺探察了从北纬34°到46°长约2300千米的北美东部沿岸地区，他给法国带回了这个沿岸地区的自然环境和居民情况的首批资料。

多国家大谈他的这次航行。与此同时，先于他的许多真正的伟大发现几乎未被人们发觉，原因是，这个探险队返回时带来了大批珍贵的毛皮，其中主要有美洲海狸皮。法国水兵更为频繁地来到圣劳伦斯河口，他们特别喜欢好似海湾的萨格讷下游河道。法国捕鲸船队在夏季云集在萨格讷的深水区。他们在那里炼制鲸油，与当地印第安人进行不通话的贸易，或者派出探险队深入到这个地区的内地收购毛皮。早在来到加拿大之前很久，在那里就出现了欧洲人的固定村庄，而法国的毛皮商只在圣劳伦斯河和它的支流地区建立了一些临时据点。就这样，"鳕鱼和鲸鱼把法国人领到加拿大的门口"，寻找通往中国的西北航道把"他们领进这个大门"，购买毛皮的活动又给探察加拿大的腹地奠定了基础。

第一个海外定居点

17 世纪初叶的美洲新世界，是一笔未被染指的财富，吸引着欧洲所有的探险者。詹姆斯敦是英国在北美的第一个海外定居点。1607 年 5 月 14 日，105 名英国人来到美国弗吉尼亚州，建立詹姆斯敦，从此开始了美国的历史。

▲第一批英国永久移民感谢上帝保佑，他们在 1607 年抵达弗吉尼亚的詹姆斯敦，这 144 名移民乘着 3 艘船出发，只有 105 名活着抵达新大陆

定居詹姆斯敦

1606 年 12 月，三艘帆船从伦敦港启航，向西驶往新大陆。船上共载有大约 150 个成年和少年英国男子，为首的是克里斯托弗·纽波特船长。这些人受伦敦弗吉尼亚公司的派遣，揣有英王詹姆斯一世的特许状。他们的主要目的有 3 个：寻找黄金（像西班牙人在南美洲那样）；将西班牙人拒于北美大陆之外；探寻通往富裕东方的新路线。

经过 144 天的艰难航行，在付出将近 40 人葬身海上的代价之后，1607 年 5 月 14 日，船队驶进北美洲中部东岸的切萨皮克湾，在位于目前弗吉尼亚州东南部的一个沼泽地半岛登陆落脚。对英国人来说，这是他们在北美第一个成功的据点（此前的 18 个定居点均无法立足）。

根据英王的名字，这些殖民者将当地注入大西洋的河流命名为"詹姆斯河"，定居点就叫"詹姆斯敦"。整个新殖民地被称为"弗吉尼亚"，意即"处女之地"，以纪念 1603 年去世的"处女国王"伊丽莎白一世。这位亨利八世的女儿和"血腥玛丽"的异母妹妹是英国历史上最贤明的君主之一。

不过，这 105 个殖民者来得不是时候，正好赶上一场大旱。他们虽然只用 19 天就建起一座城堡（为了防范土著），但酷热和劳累很快就夺去半数人的生命，好在第二年 6 月又有新的人手和补给运抵。

在 1607 年，弗吉尼亚的森林还是阿尔冈琴族印第安人的家。他们的首领是强壮有力的波瓦坦。他的领地覆盖了弗吉尼亚的广大地区，包括 30 多个印第安部落。印第安人忧心忡忡地注意着英国移民。

美国人为何不愿提起詹姆斯敦

有意思的是，提起美国的第一批移民先人，很多美国人只知道"五月花"号却不知詹姆斯敦，或许是不愿提起。事实上，"五月花"号上的清教徒在 1620 年 12 月才在马萨诸塞州的普利茅斯上岸的，比定居詹姆斯敦的那帮英国人晚了 13 年半时间。这是因为詹姆斯敦的历史不是那么光彩，数百年来美国人一直羞于谈起。实际上，当时抵达弗吉尼亚、清一色为男性的定居者几乎都是财迷，利欲熏心使他们不仅与印第安人冲突不断，而且内部也不时发生火并，食人现象更是使暴力登峰造极。美国的烟草种植业和奴隶制都是从这里开始的：1619 年，詹姆斯敦"进口"了第一批非洲黑奴。另外，弗吉尼亚在美国内战中还站在错误的一方，而且是分裂分子的大本营——南方邦联的首都就设在州府里士满。

殖民地的巩固

英国人选定的殖民地是块

沼泽，到处是要命的蚊子。1607年夏天，他们的食物补给越来越少了，最后，被迫离开安全的堡垒去寻找食物，但打猎十分困难。而且，他们还会受到印第安人的攻击。印第安人的弓箭非常厉害。到夏末，已有50名移民死于瘴气和饥饿，几乎占总人数的一半。

▲英国军人约翰·史密斯是詹姆斯敦殖民地早期的首领

英国人到达6个月后，波瓦坦的兄弟在奇卡霍米尼河抓到了白人头领史密斯。印第安人把他当作活的战利品，骄傲地带出去示众。当史密斯被带到波瓦坦面前时，酋长身边坐着妻子和孩子，包括他最疼爱的女儿。这是一场奇特而令人恐惧的仪式。伴随着鼓声和歌声，印第安人强迫史密斯把头放在两块大石头上，印第安人手持棍子围着他，要用棍子敲碎他的头颅。这时，波瓦坦最疼爱的女儿救了史密斯的命。史密斯说他们来不是为移民，他们是为贸易。从此，印第安人把他视为部落中的一员，并允许他回到詹姆斯敦。

波瓦坦日渐衰老，他一天比一天更加确定这些新到的英国人根本不想离开这里，他们不是为了贸易，而是要侵犯人民，占领他的国家。欺骗激怒了波瓦坦，他决定杀死这些英国人。在1609年的寒冬中，由于定居者得罪了向他们提供粮食的印第安原住民，饥馑使很多人"像苍蝇般死去"，据记载还发生了人吃人的惨状，500个定居者一度锐减到仅剩60人。土地被侵占的印第安人也经常前来攻打。

到1610年年底，由于得不到印第安人的帮助，英国人陷入了绝境。他们没有食物。印第安人还不断地攻击他们。英国人实施了一个拯救自己的计划，他们绑架酋长的女儿作为人质，去要挟波瓦坦酋长，要求他把英国人质、盗走的武器和食物还给他们，以交换他的女儿。谈判进行了一年多。

英国人开始在弗吉尼亚巩固自己的势力。1612年，引进的烟草种植业使詹姆斯敦繁荣起来，成为弗吉尼亚殖民地的首府。想去美洲的人更多。到1619年，詹姆斯敦的烟草工业已经非常发达。詹姆斯河沿岸有许多种植园。人们渐渐发现使用奴隶种植烟草是最经济的方法。接下来的8年和平使英国人站稳了脚跟，并且把印第安人逼到了内陆。从1624年起，大量移民涌入新世界。在接下来的几个世纪里，弗吉尼亚成为了英国拓展北美殖民地的基石。

▼1621年清教徒移民邀请当地土著人庆祝他们在北美的第一个感恩节

1676年，反抗州长的弗吉尼亚人一把火将詹姆斯敦夷为平地，1699年，州府迁往威廉斯堡，更使詹姆斯敦走向没落凋零。再后来，连当年定居点的最初遗址也被河水淹没。

哈得孙河探险

现在纽约市所在的曼哈顿岛，位于哈得孙河的河口，是美国最为繁华的地区。这条河流的名称来自它的一位发现者——英国航海家亨利·哈得孙。哈得孙曾深入这条河流探险，一直向上航行了 240 千米。这次探险在美国历史上具有重要地位，其直接影响之一就是导致了纽约市的前身——荷兰殖民地新阿姆斯特丹的建立。至今北美还有很多地方都叫作哈得孙，以纪念这位伟大的航海家。

受雇东印度公司

哈得孙并不是最早到达此地的欧洲人，在他很久以前就已经有两支探险队来过这里。1524 年，意大利（佛罗伦萨）的乔凡尼·德维拉扎诺受法国君主弗朗西斯一世的委托，为了寻找通往中国的通道，沿着北美的东部海岸航行，进入了纽约湾。就在维拉扎诺之后几个月，为西班牙服务的葡萄牙船长埃斯特凡·戈美斯也来到了纽约湾，把他所看到的水道命名为"圣安东尼奥河"。后来法国人和西班牙人都再也没有来此拜访，直到 85 年之后的 1609 年，哈得孙受荷兰东印度公司的委派，为了同样的目标航行到这里，比他的先驱者们更加深入地进行了一次富有成果的探险与发现之旅。

此前，哈得孙曾受雇于英国。1607 年 5 月，英国人亨利·哈得孙受到一家与俄国做生意的英国莫斯科贸易公司的委派，从泰晤士河口出发，驾船向正北远航，企图穿越北极前往中国，打通通向远东的贸易航道。当时无人知晓北极地区是被坚冰所覆盖的，人们以为北极浮冰只是狭窄的条带。6 月，他顺利地沿格陵兰东岸向北行驶，于 7 月中旬航行到达北纬 80°23′ 的高纬海区。在当时，这是人类有史以来航海征服的最北点。由于遇到了大片的浮冰，哈得孙无法继续往北航行，被迫返回。

1608 年哈得孙再次受命探索通往远东之路。哈得孙于 4 月底启程，6 月初绕过斯堪的纳维亚半岛最北端，并于 6 月底眺望到新地岛。他试图找到想象中的斯匹次卑尔根群岛与新地岛之间的海峡，然而大量的浮冰使他的希望落空。他改变计划，决定绕过瓦加奇岛，朝鄂毕河河口航行，然后继续朝北前往鞑靼角，但是这个尝试同样失败了。经过一系列的挫折，哈得孙最终意识到穿越北极前往东亚是根本不可行的。莫斯科公司认为他是个失败的船长，解雇了他。

▼哈得孙

HENRY HUDSON

新阿姆斯特丹殖民地

　　荷兰政府对哈得孙曾沿岸航行并登上过的那部分北美大陆提出了主权要求，以荷兰政府的名义予以占领。公司董事会虽然对没有找到他们寄予厚望的西北通道感到失望，但是对已取得的巨大发现还是颇为高兴。他们根据这些发现所主张权利的领土，后来给他们带来了巨大的利益。那确是一块壮丽的领土，气候良好，土壤肥沃，地形独特多样，山脉谷地众多，有几条壮观的大河供水。广阔的森林里隐藏着极多的贵重木材，还有种类繁多的野生水果和坚果。这里还充满了猎物，有各种取之不竭的毛皮，能够以极低的价格从土著人手中购得。荷兰人很快就在那里设立了一些贸易站，从事获利丰厚的皮毛交易。其中一个建在曼哈顿岛的南端，后来发展成为新阿姆斯特丹殖民地。1664 年，英国人把它夺取过来，改名为纽约。

　　当时新兴的荷兰共和国也急于到富庶的东方去进行贸易，议会曾悬赏重金寻求能够发现东北通道的人。在这种情况下，哈得孙来到了阿姆斯特丹，于 1609 年 1 月 8 日与东印度公司签订了航海协定。公司给他装备了一艘名叫"半月号"的旧船，招募了 18 名英国和荷兰籍的水手，哈得孙还把儿子约翰带上了船，并委任曾随他一起航海过的罗伯特·尤特为副手。

驶入纽约湾

　　1609 年 4 月 6 日，"半月号"从荷兰的特塞尔岛出发，朝东北方向航行。5 月 5 日经过挪威北端的北角后，就进入了冰天雪地和暴风不断的恶劣环境，苦苦挨过了半个月，水手们怨气冲天，经常寻衅滋事。为了避免发生叛乱，哈得孙被迫违反协定，改变了航海线路，掉转船头向西横越过大西洋，准备从另一个方向去寻找西北通道。7 月 2 日，驶进了纽芬兰外的海域，12 日来到新斯科舍半岛岸边，然后沿着北美海岸一直向西南航行，于 8 月 18 日到达了切萨皮克湾的入口。在那里他又掉转船头向北行驶，进入了一个巨大的河湾，哈得孙命名为"南河"，不过后来一般称之为"特拉华河"。

　　9 月 2 日凌晨，船上的瞭望员在黑暗中看见了内弗辛克高地上的印第安人燃起的篝火。太阳出来后，前面出现了"一个巨大湖泊"的入口，那正是哈得孙河所流入的纽约湾。当天他们停泊在入口外的桑迪胡克岸边，大家一致认为这是一块"非常好的、令人愉快的土地"。9 月 3 日下午 3 时进入湾内，发现前面有"三条大河"，显然那就是拉里坦湾、纳罗斯海峡和罗卡韦湾。哈得孙没有贸然前进，往南驶入桑迪胡克湾抛锚。

▼哈得孙沿着哈得孙河航行

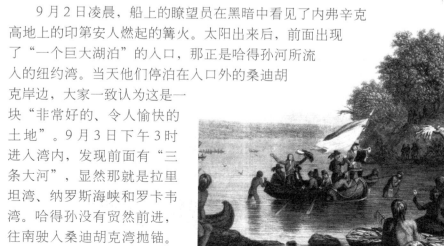

▲亨利·哈得孙进入今天的纽约湾并沿着哈得孙河航行

那儿水质清澈，鱼群密集。沿岸分布着印第安人的小村庄，幽美僻静，陌生人的到来让土著人感到非常惊讶和兴奋。

9月4日，就有几条独木舟划近"半月号"，土著人来到甲板上，用绿色烟草和玉米来交换小刀和珠子，还有很多人都来看热闹。一队水手上岸来到印第安人的村子里，土著人非常好客，把他们带到自己的小屋里，用美味可口的葡萄干来招待他们。因为语言不通，只能相互用手势进行沟通。同时又有许多印第安人来到"半月号"上，带来烟草和"麻布"进行交易，他们热情友好、淳朴善良，但不知为何始终不能让那些欧洲人感到放心。

9月6日，哈得孙又派了5名水手去探测海湾的北部区域。这几个家伙虽然很好地完成了任务，但他们上岸后在几处地方开枪抢劫，引起了印第安人的公愤。到了傍晚，天上下起了雨，他们划着小船返回。不知不觉后面跟上来两条独木舟，总共载有26个印第安人，追上小船后乱箭齐发，一支利箭射中了一个水手，其他水手也都受了伤。印第安人的勇士们也许感到心满意足了，并没有赶尽杀绝，就此放过了这艘小船。

哈得孙感到很惊慌，以为接下来就会发生一场对大船的进攻，下令加强防备。可是夜晚平静地过去了，没有发生任何事情。他们在纽约湾一共停留了一周的时间，9月9日开始通过纳罗斯海峡。"半月号"穿越过海峡，停在了纽约港的宁静水面上。然后哈得孙再次宣布起航，开始在这条后来以他的名字命名的河上进行令人难忘的航行。

▼哈得孙河上的航行

哈得孙河上的航行

　　"半月号"继续前进，进入了一条宽敞的水道。看到这个一眼望不到头的"塔潘海"，哈得孙感到非常高兴，心中充满了希望，他认为自己是航行在一条穿过北美大陆的通道上，即将到达那令人向往的太平洋，"中国"和"日本"也许就不远了！

　　9月14日，从东南方刮来一阵强风，"半月号"开始全速航行。"半月号"在夹岸高地的山影下急速航行，驶过了一段长长的距离，到达了卡茨基尔附近，在那里停留了一天。附近的印第安人闻讯而来，用各种食物来换取一些廉价的小物件，同时水手们又在河里打鱼，那儿的鱼实在是太多了。然后他们又起锚北行，傍晚时"半月号"险些搁浅，幸亏那是一个柔软的沙洲，没有遇到多大困难，船又毫发无损地浮动起来。哈得逊小心翼翼地在曲折的河道里航行，于9月18日来到了哈得孙市附近的河岸。

▲哈得孙的船队发生叛乱，哈得孙和几个伙伴被捆绑起来，扔到一条小船上，哈得孙踏上了他最后的旅程

　　那儿有一个印第安人村庄，土著人盛情邀请哈得孙去做客，他欣然接受邀请，和另外几个人一起走进了河岸上的棚屋小村。这些朴实的人们见他有所顾忌，竟然把弓箭折断并扔到了火中，但还是不能让哈得孙感到放心，最后还是回到了船上。

　　9月19日，告别了这个令人愉快的地方，哈得孙继续向北航行，来到了靠近奥尔巴尼的位置上，他们发现河道变得越来越窄、越来越浅，"半月号"已经不能安全地往上行驶了。哈得孙派人乘小船去探测上游的河道，来到6英里开外的地方，发现那儿的水深只有六七英尺（1英尺=0.3048米）。附近的印第安人带来水果，用珍贵的海狸皮、水獭皮来交换珠子、小刀和斧头。

　　这天哈得孙再次派人到上游去测量河道，小船探索到了很远的地方，直到晚上10点才回来，探测的结果是，这么远的距离河道最深也只有7英尺。至此哈得孙彻底死了心，看来这里确实不是一条海峡，该是返航的时候了。哈得孙下令掉转船头，开始往回行驶，心里不免有些惆怅。

　　10月4日上午，哈得孙回到这条他曾航行了那么远的大河的入口处，满帆转舵，再次驶进了大海。哈得孙河探险之旅就此结束了。但哈得孙的目的是到达东方，他准备到纽芬兰去休整，等冬天过去后继续航行，穿过戴维斯海峡去寻找西北通道。但是骚乱的船员们都不答应，强迫他调转船头开往欧洲。1609年11月9日，"半月号"航行了一个月后，在英国的达特茅斯港抛锚。

横越美国大陆

刘易斯与克拉克的远征在美国的建国之初写下了浓重的一笔，奠定了美国发展成两洋大国的基调。美国始建国，国土只有东部靠近大西洋的那条狭窄地区，西部以密西西比河为界。东起密西西比河，西到落基山脉的整个路易斯安那地区属于法国，把美国和西部的西班牙地区隔离开来。当时，中部和西部的广大地区处于原始蛮荒的未开发状态，是动物和植物的王国，人烟极其稀少，只散布着一些与世隔绝的印第安部落。1803年，美国总统杰弗逊以1500万美元从正和英国打仗缺钱花的拿破仑手中买下了路易斯安那地区，使美国领土扩大了一倍，但取得一块土地不代表就能统治它。为了扩大在中西部的影响力，杰斐逊派出探险队对美国西部进行了第一次探索。经历了为期28个月艰苦卓绝的探险后，梅里韦瑟·刘易斯和威廉·克拉克带领队伍完成了美国历史上最伟大的军事开拓。

▲刘易斯

开始远征探险

在加拿大的英国人和仍然占据着得克萨斯以及西南部地区的西班牙人，从来没有对路易斯安那死心，它们煽动当地的印第安人对抗进入这一地区的美国移民。杰斐逊总统认识到，要想控制这片土地只有依靠武力，于是，他向美国陆军寻求帮助。为率领这样的队伍完成这次史无前例的漫长探险，杰斐逊的私人秘书、曾任第一步兵团上尉的梅里韦瑟·刘易斯是最好的人选。刘易斯勇气过人，办事谨慎，了解印第安人，这些特点在后来的探险中起了非常重要的作用。

接受任务后，刘易斯紧张地进行准备工作。他购置了所需要的科学仪器和武器，准备了同印第安人交换的物品，还学会了不少用药治病的知识。为了确保探险成功，刘易斯邀请老朋友克拉克做助手。克拉克比刘易斯大4岁，原是他的上级。他和刘易斯一样，都曾经在美国西部生活了很长的时间，两人后来取长补短，合作融洽。

▲梅里韦瑟·刘易斯

▲威廉·克拉克

▲探险团队出发

　　1804 年 5 月，两位指挥官带领队伍开始了远征。如果这次行程顺利，他们还将一直前进，直至太平洋。杰斐逊总统也希望看到美国国旗飘扬在另一个海岸，为此，他批准刘易斯和克拉克在必要的情况下可以使用军事手段。探险队共 45 人，其中包括懂西班牙语和印第安语的翻译，一起向着未知的前方出发了。

　　行动前，杰斐逊感到了来自英国、法国和西班牙的危险，他告诫刘易斯和克拉克：“必须利用各种方法与我们保持联系。”就这样，这支自称为“探索军团”的队伍，乘着一只龙骨艇和两只双桅平底船，沿着密苏里河逆流而上，开始了史诗般的探险之旅。

　　危险逐渐临近，西班牙大使要求新西班牙（现在的墨西哥）总督、内陆省总司令萨希多“逮捕刘易斯船长和他的手下们”。以冷酷著称的萨希多同时煽动与西班牙同盟的科曼奇人，派遣他们去刺杀刘易斯和克拉克，但是这些印第安人没能找到这支探险队。

与印第安人的接触

　　夏季来到时，他们已经接近了拉克塔斯人和苏人的领地。这些印第安部落是美国中西部大平原的统治者，自称是“勇者之王”。早在探险队出发前，杰斐逊便给拉克塔斯人送去了亲笔信，说自己敬畏这个民族强大的力量。8 月底，探险队与拉克塔斯人会面了。这次会面是友好而平静的，好客的印第安人邀请探险队员们吸烟。看到这种烟管超长的烟斗时，刘易斯和克拉克很惊异，他们给吸烟的地点取名为烟斗崖。

▼探险团的船具

　　一个月后，探险队与另外一个拉克塔斯人部落相遇了。这个部落因为抢劫过往的商人而声名狼藉。在这里探险队看到一群群野牛在山野上奔跑，麋鹿和羚羊悠然地在草地上吃草……探险队陶

▲土著人为刘易斯指路

醉在雄浑壮阔的大自然中。刘易斯对动物学很感兴趣，他仔细地观察了这里的叉角羚羊、獾、白尾大野兔和郊狼等动物，并捉了一只吠叫松鼠，派人送给杰斐逊。

9月25日，探险队与酋长托特洪加会面。刚刚寒暄几句，酋长的手下们突然转头冲向探险队员。克拉克没有退缩，他拔出佩剑，示意船上的士兵准备战斗。这一刻，上膛的火枪和士兵们勇敢的举动突然消除了拉克塔斯人打算战斗的想法。托特洪加匆忙命令手下离开船。经历了河岸上的紧张对峙之后，这些探险队员的勇敢给酋长留下了不错的印象，他抛却了最初的敌意。

翻越落基山

11月份，天气开始变冷，不久，船也在河里冻住了。探险队决定在密苏里河附近、曼丹人居住的地区过冬。为了安全着想，他们建成了曼丹堡垒。曼丹堡垒对于曼丹人、希达察人和阿里卡拉人来说，是一个彰显美国实力的所在。但对于英国人来说，刘易斯和克拉克一行的到来不是好消息。美国人的出现标志着英国在海狸皮毛生意上的垄断地位结束了。

春天来临，4月7日他们重新踏上征途。穿越野生动植物资源丰富的沃土，探险队来到黄石河，这也是水力充沛的密苏里河的支流。随后探险队来到密苏里大瀑布。7月之后，他们进入了落基山脉门户的山地。

1805年8月11日，刘易斯和克拉克等人到达落基山东侧的时候，大约60个肖肖尼土著居民正骑马向他们走来。他们生动地记载了当时的情景。

▼和印第安人谈判

记载中说："我们的第一反应是，这些人已经做好了战斗的准备。他们都佩有弓箭，还有些人拿着顶端插着尖刀的杆子。他们骑得飞快，有些马背上好像并没有人，仔细看才会发现，骑手都贴在马肚子上，或是挂在马脖子下面，用马的身体做掩护。这些马的身上画着五颜六色的图案，后来我们才知道，每个图案有不同的意思，对马的主人有特殊的意义。比如说，其中一个人是战斗总指挥，另一个在战斗中杀死过敌人，其中一种图案能保护马匹和骑手的安全。"

记载里接着说："这些肖肖尼骑手走近后，看到我们不像要打仗的样子，于是放慢了步伐，但还是十分小心。刘易斯举起一只手，以示和平。肖肖尼人的头领也做出同样的手势，做出回答。双方继续靠拢。肖肖尼人穿着用兽皮做的衣服，大多是鹿皮或水牛皮。他们的衬衣有不同的图案，也有不同的意思，可以显示某个人参加过战斗、多次参加捕获马匹的突袭行动，或是救过朋友的性命。"

刘易斯冲这些人笑笑，再次做出和平的手势，肖肖尼人也做出同样的手势。刘易斯和肖肖尼头领语言不通，但是可以通过手势进行交流。一个年轻的肖肖尼人翻身下马，他身材高大强壮，留着长长的黑发，头发用兽皮绑着，头发后面还有一根很长的羽毛。他的胳膊上划着很多长线，每条线代表着一场战斗。但是这次跟他们的遭遇，双方并没有兵戎相见。

10月，探险队穿越了爱达荷州进入华盛顿州，勇敢地挑战狂野的斯内克河和清水河。他们是北美地区流速最快的河流。

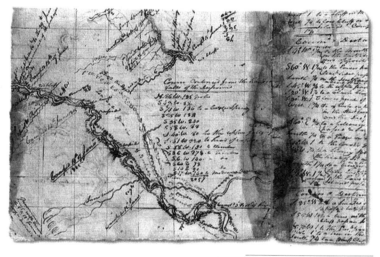

▲克拉克手绘的行程图

到达太平洋

10月16日，他们到达了哥伦比亚河，并由此经水路前往太平洋。最后的这段旅程并不平静，他们和当地的印第安人发生了一些争执。面对枪口，印第安人投降了。3天后，探险队到达他们梦想的终点——太平洋。日志是这样记录的："在宽阔的哥伦比亚河口，我们享受着观看太平洋海景的喜悦。"

探险队花费近一个月的时间考察太平洋海岸、附近的平原，还调查了太平洋沿岸的印第安部落情况。他们在这里建造了一座名为科拉特索普堡的堡垒。这座堡垒的建成，宣告了美国军事力量的触角第一次延伸到了太平洋沿岸。科拉特索普堡不但成为美国在太平洋边的第一座哨卡，也是美国在西部的地标，这成为刘易斯和克拉克此次历险的最高成就。

1806年3月23日，早已患上思乡病的刘易斯和克拉克一行踏上归途。也许是由于英国人的挑唆，在返回的路上，原先友好的印第安人变得充满敌意。尽管这样，他们还是在1806年9月23日中午，回到了圣路易斯，受到全城的热烈欢迎。

达尔文随"小猎犬"号到南美洲探险

在 19 世纪的海洋探险中，英国考察船"小猎犬"号的环球探险是特别值得一提的，因为这次航海探险，成就了一位伟大的生物学家——达尔文。

▲ "小猎犬"号的航行

随船考察

1831 年，达尔文从剑桥大学毕业，取得文学士文凭，同时也拥有牧师的资格。他放弃了待遇丰厚的牧师职业，依然热衷于自己的自然科学研究。这年，英国政府组织了"小猎犬"号军舰的环球考察，经由相当赏识达尔文的植物学教授亨斯罗的推荐，达尔文以"博物学家"的身份，自费搭船，准备漫长而又艰苦的环球考察活动。

"小猎犬"号定于 10 月份扬帆出海。由于太多的准备工作，达尔文一下子陷入了紧张与忙乱之中。离开英国前，达尔文匆忙地购置了各种必需之物，他还随船携带了大量书籍。

达尔文费尽心机，成功地将自己所有的东西装载到"小猎犬"号上。与家人和朋友们告别时，达尔文许诺定期给家人写信。"小猎犬"号多次尝试出海，因天气恶劣，两次以失败告终。在他狭小的蜗居里，达尔文烦躁不安，越来越难以忍受。糟糕的天气令人沮丧，达尔文感到孤独寂寞，思乡日甚。航海生活的困难远远超出了他的想象。吊床仿佛总要把他抛到海图桌上，达尔文费了好大劲才学会控制它。更糟糕的是，达尔文沮丧地发现，自己非常容易晕船，对于上下翻滚的胃他毫无办法。

▼ "小猎犬"号的船长菲茨·罗伊

巴西探险

1831 年 12 月 27 日，"小猎犬"号终于扬帆出海。达尔文病弱不堪，一连数日躺在吊床上一动不动，什么事情也做不了，只能在阵阵发作的恶心呕吐的间歇期间，勉强吃一点饼干和葡萄干。达尔文一生从未如此难受过。这次伟大探险的开端真是毫无魅力可言。

对于达尔文来说，这次环球航行的新发现的确数不胜数。所有的一切都令他兴致勃勃；所看到的一切开阔了他对自然界的视野。1832年2月，"小猎犬"号抵达巴西，继续向南航行前，在此处逗留了4个月。与地球上其他任何地方相比，热带雨林拥有多得多的动植物品种。进入巴西热带雨林探险时，达尔文欣喜若狂。他在日记中写道："高兴只是一个虚弱、没有活力的字眼，不足以表达一名博物学家独自一人踏进巴西热带雨林时的强烈感受。"痴迷地凝视着周围的一切，达尔文感到自己好像一个盲人突然获得了光明。

热带雨林丰富多彩的生命令人头晕目眩：短短一天内达尔文捕捉了68种甲虫。还有一次，在早上散步时间里，他射死了80多只品种不同的鸟儿。在林间路上，他亲眼目睹一大队浩浩荡荡的蚂蚁，所过之处，风卷残云，一无所剩，令人胆寒。他测量参天巨树粗大的树干，尽情体验观察雨蛙能否爬上玻璃板的快乐。达尔文的注意力不时从鹦鹉转移到棕榈，从甲虫转移到兰花。达尔文收集的大部分物种，对于科学来说都是未知的，全部被整理得井井有条，用船运给国内。

达尔文的探险生活也并不总是一帆风顺，妙趣横生。首先令他痛苦不堪的是巴西的一种热带高烧。他还目击了令人恐怖的奴隶贸易。葡萄牙殖民者将大批非洲奴隶运往巴西。达尔文在此参观时，发现几乎所有的种植园工人和家庭仆人都是黑奴。达尔文家族对蓄奴制深恶痛绝。在看到黑奴小男孩惨遭马鞭暴打，或者听到奴隶主威胁要将奴隶所有的妻儿卖掉时，达尔文深感不安。离开巴西后，他写道："谢天谢地，我再也不会拜访这个蓄奴制国家了。"

▼达尔文正在写作《物种起源》

阿根廷考察

"小猎犬"号下一个阶段的使命是驶往阿根廷。狂风呼啸的平原和荒凉泥泞的海岸显然无法与多姿多彩的巴西雨林相比，但它们对达尔文也有无穷的魅力。在一个名叫彭塔阿尔塔的地方，他发现一些古老的骨头埋藏在一片沙砾和淤泥之中，便开始用鹤嘴锄挖掘起来。成果喜人，出土了一大批科学上未知的久已绝迹的古生物化石：犰狳、巨树獭。一只样子像河马的箭齿兽、一头早已灭绝的南美象和其他一些动物。达尔文把阿根廷的这些平原叫作"灭绝已久的

▲惊诧的达尔文，在进化论者为之欢呼时，达尔文却十分清楚，化石证据的缺失，对他的理论是致命的

四足动物的巨大坟墓"。

他意识到，这些发现将有助于科学家拼画出地球遥远过去的图景，当时美洲"到处都是巨大的怪兽"。达尔文坚信，貘、树獭、犰狳以及南美野生羊驼这些生活在南美洲的现代动物，都源于同一种古代巨兽。达尔文开始苦思冥想这些物种之间的关系。他认识到，"生活在同一大陆，已经绝迹的生物和仍在存活的生物之间的绝妙关系"，对于理解物种如何出现，如何消亡将带来新的希望之光。

来到火地岛

1832年12月15日，"小猎犬"号经过了麦哲伦海峡入口处，继续向南驶入。原先是单调而荒凉的海岸，现在却变成了另外一种样子。在海岸的高地上，有许多火地岛人烧起的烟火信号，火地岛因此而得名。平坦的低岸地带的悬崖峭壁上，长满了灌木丛和树木，而后面则突兀着高大的雪山。后来平坦的地带变换为覆盖着深棕色森林的高山。

12月17日，"小猎犬"号从东面绕过了东火地岛的顶端——圣迭戈角，停泊在好结果湾，在那里，船只能够躲避从山上突然刮来的暴风。居民们一看到"小猎犬"号便都高声喊叫起来。

翌日，达尔文在野人故乡第一次清楚地看见了野人。他们给他留下了非常深刻的印象。"小猎犬"号本想绕过以风暴和烟雾而著称的合恩角，但是，大块的乌云在天空旋转，暴风雨夹带着冰雹异常凶猛地袭过来，因此舰长决定停止前进。最后的一场暴风雨给"小猎犬"号造成了极大的灾难。海浪把一只小船击破了。甲板上的水多得使一切东西都漂浮起来；达尔文的搜集品受到了严重的损失，所有用来包装晒干的植物的纸张几乎全部毁掉。"小猎犬"号被迫向棚屋港驶去。

登上安第斯山脉

1834年6月，"小猎犬"号抵达南美洲西海岸，在这里待了一年

▼人类进化谱系图，人类从哪里来，又是怎样发展进化的呢？人类的起源一直是科学上的谜团。1871年，达尔文提出了"人类是古猿进化而来的，而不是上帝或神创造的"

多的时间。由于邮递到的赖尔《地质学原理》第二卷的影响，这段航程达尔文的主要兴趣集中在地质学。达尔文手握地质锤，研究安第斯山脉的岩层结构。

安第斯山脉是地球上最年轻最险峻的山脉之一，山上的化石森林和大量的贝类化石令人叹为观止。达尔文还目睹了几次火山爆发并在一次地震中幸免于难。这些突发事件给达尔文留下了深刻的印象，证明地表总是处于不断地变化和移动之中。达尔文由此得出结论，生命所处的地理环境是流动的、不断变化的。达尔文的地质观测，与他对已经发现化石物种（虽不同于存活的生命，但仍有相似之处）的思考一起，帮助他洞见到，生命为了适应周围环境的变化，本身也是流动的、不断变化的。

▲很多人嘲笑达尔文提出的"人和动物是亲戚"的观点，此图是当时的一幅漫画，把达尔文画成一只猴子

加拉帕戈斯群岛考察

南美洲沿岸考察是"小猎犬"号的首要使命。此任务结束后，1835年秋，"小猎犬"号访问加拉帕戈斯群岛。

加拉帕戈斯群岛上的生物与其他地区的生物相比实有不凡之处，不仅鸟类及爬行类如此，其他像鱼贝类、昆虫、花草等亦复如此。例如，达尔文在那里所采集的15种鱼，以及16种陆生贝类中的15种都是别处看不到的新种。加拉巴哥群岛可以说是物种的宝库。

不过这些几乎全是新种的岛上生物，与1000千米外的南美太平洋岸的生物有很微妙的相似之处，即既有明显的差异又有微妙的类似。"小猎犬"号在岛上停留了5个星期，临走的前几天，该群岛的副领事来向他们道别，闲谈间，副领事说："这群岛上虽然有很多形态相似的乌龟，但我一眼就可以看出哪只是属于哪个岛的。"

达尔文听了这句话，心中有着很大的回响，因为他在这里的鸣鸟身上也发现了同样的现象。加拉帕戈斯群岛上的鸣鸟共有13种，它们的形态基本上都很相似，但喙的长度及弯曲度又各不相同。达尔文心里想，这些差异可能和各岛上的鸟类的食物，如植物种子、毛虫、昆虫等不同有关。如果真是这样，那么导致各物种间的差异的原因不就很明显了吗？达尔文从观察加拉巴哥群岛的生物所得的灵感，为日后论生物进化的不朽名著《物种原始》奠下了基础。

1835年10月开始漫长的返航。在回乡的途中，军舰还在塔希提岛、新西兰、澳大利亚以及其他一些小岛屿抛锚小驻。与在南美洲的尽情考察相比，这些停驻都十分短暂，不足以给予达尔文充足的时间、空间进行全面的考察。尽管如此，他还是尽己所能充分利用时间在太平洋和印度洋考察礁湖和珊瑚礁；在澳大利亚的河流中观察一对嬉戏的鸭嘴兽；在大西洋阿森松岛观测火山斜面零碎的样本；甚至在孤寂的圣赫勒拿岛，悠闲地环绕拿破仑的墓地散步。

第四章

走进非洲

　　非洲是阿非利加洲的简称，其英文名为 Africa。对于 Africa 一词的由来，流传着不少有趣的传说。一种传说是，侵入迦太基地区（今突尼斯）的罗马征服者西皮翁的别名叫"西皮翁·阿非利干"，为了纪念这位征服者，罗马统治者就把这片地区叫做"阿非利加"。以后，罗马人又不断扩张，建立了新阿非利加省。那时，这个名称只限于非洲大陆的北部地区。到了公元 2 世纪，罗马帝国在非洲的疆域扩大到从直布罗陀海峡到埃及的整个东北部的广大地区，人们把居住在这里的罗马人或是本地人统统叫阿非利加人。这片地方也被叫作阿非利加，以后又泛指非洲大陆。

　　非洲大陆素有"黑暗大陆"之称，但这并非因为非洲人多属黑种人，而是因其内部情况长期不为外界知晓。造成这种状况是因为非洲北部的撒哈拉大沙漠阻隔，使欧洲人难以逾越。因此，古老的非洲一直蒙着一层神秘的面纱。自从地理大发现以来，欧洲的探险家和中国的郑和都踏上了非洲的土地，但那时对非洲的认识仅仅局限在非洲沿岸，对于非洲内陆还是一无所知。直到 18 世纪末，大批的探险家、传教士和地理学家才开始涌入非洲，从而揭开了非洲探险的序幕。

　　内陆探险起于布鲁斯的尼罗河之行，止于 1876 年布鲁塞尔会议，历时百余年。在内陆探险中，数以百计的探险家和探险队深入非洲内陆。尼日尔河探险开始于 1788 年英国非洲协会向非洲派出第一个勘探者约翰莱迪亚德，整个探险主要围绕着解决尼日尔河的流向、河源、终点 3 个谜点进行。尼日尔河探险结出了科学上的硕果，丰富了人类知识的宝库，但这些成果却为西方资产者的贪欲所利用，替深入非洲内陆的殖民侵略开道铺路。19 世纪初期和中期，随着欧美的经济发展和对外扩张，对非洲探险的规模越来越大，次数也越来越多。而这一时期成就最大的探险家就是英国传教士李文斯敦，他写的非洲探险著作问世后，非洲的地理和历史才逐渐为世人知晓。

探察尼罗河

1769 年，英国人詹姆斯·布鲁斯对尼罗河上游的青尼罗河进行了探险考察，揭开了内陆探险的序幕。内陆探险起于布鲁斯的尼罗河之行，止于 1876 年布鲁塞尔会议，历时百余年。在内陆探险中，数以百计的探险家和探险队深入非洲内陆。

▲这是埃及境内的尼罗河

布鲁斯的发现

希腊人和罗马人均试图寻找尼罗河的源头，但都没有成功。因此在古典希腊和罗马的图像中尼罗河总是被显示为一名将头和面用枝叶蒙盖起来的男神。直到 15、16 世纪欧洲人对于尼罗河河源所知亦甚少。15、16 世纪里欧洲人来到了埃塞俄比亚，见到了塔纳湖，并且找到了湖南山里青尼罗河的源头。

1618 年，西班牙传教士佩德罗·派斯作为第一个欧洲人到达埃塞俄比亚高原西部的塔纳湖畔，发现从此湖流出的阿巴伊河就是青尼罗河的上源。英国探险家詹姆斯·布鲁斯于 1770 年 11 月 14 日来到塔纳湖，确认了这一点。他将这一发现首先告诉法国当局，招致英国人的不满和质疑，直到 1790 年，他出版《尼罗河源头探行记》，争论才止。

▲英国探险家詹姆斯·布鲁斯于 1770 年在尼罗河的源头向英国国王乔治三世举杯祝贺

▼英国探险家约翰·斯皮克

对白尼罗河的知识就更少了。古代错将尼日尔河当作是白尼罗河的上游。比如老普林尼称尼罗河源于"下毛里塔尼亚的山里"，在地面上流过"许多天"的距离，然后转入地下，然后又出现到地面上，形成一个巨大的湖，此后又沉到沙漠下，流过"20 天距离，直到埃塞俄比亚附近"。对尼罗河主支白尼罗河源头的探察，着手较晚，进展缓慢。这主要是因为现今苏丹首都喀土穆以南地区，沼泽连片，人难涉足。所以源头问题在 2000 多年的时间里一直有争议。

斯皮克和伯顿的发现

19 世纪初，欧洲殖民势力向非洲内地推进，非洲地理考察的热潮兴起。葡萄牙人、英国人、德国人最后都绕开苏丹南部，从非洲东部出发，直插可能是河流源头所在的非洲中部内陆地区。英国探险家约翰·斯皮克和里查德·伯顿是采用这种方法探寻尼罗河源的先行者，收获最大。1858 年 2 月，他们几经辗转到达现今的坦噶尼喀湖畔，成为最早发现该湖的欧洲人。

1858 年 8 月 3 日，斯皮克又独自探索到一个比坦噶尼喀湖还要大的湖泊。遥望波涛连天的湖水，他无比激动，称此湖为"维多利亚湖"。他认定，这就是尼罗河的源头。当时为庆祝斯皮克这一重大地理发现，人们开枪打死一头驴子，供所有参加考察的人员打牙祭。

斯皮克将结论报告发到伦敦，引起两种截然不同的反响。有拥护者，有反诘者。表示反对最激烈的，是曾经同斯皮克一起探寻过河源的伯顿。他以毋庸置疑的权威自居，认为斯皮克还没有足够的科学依据。伯顿提出，真正的尼罗河源头很可能是坦噶尼喀湖。斯皮克坚信自己的结论，准备同伯顿当面进行辩论。但就在辩论的前一天，斯皮克却因猎枪走火而殒命。人死了，辩论会未能举行。但历史最终裁定，胜者是斯皮克。

▲里查德·伯顿

李文斯敦和斯坦利的发现

在斯皮克和伯顿就尼罗河源头问题激烈争论的时候，已有两次在非洲中部探险经历的英国人李文斯敦提出，斯皮克和伯顿的说法都是错误的。真正的河源可能是维多利亚湖和坦噶尼喀湖以南的一个尚不知名的大湖。为证实这一说法，他在生命的最后几年里艰苦探寻，但人们后来发现，他最后阶段竭力勘察的那条水系，其实根本不是尼罗河水系，而是刚果河水系。据说，李文斯敦本人在临终前已经隐约觉察到这一点，但终于没有足够的勇气承认自己的错误。

李文斯敦去世之后，另一位英国探险家亨利·斯坦利决定承继他的未竟之业。他先是想办法弄清了坦噶尼喀湖确实同尼罗河毫无关系，然后又在备选中否决了卢阿拉巴河。这样，经过诸多探险家的反复考察，斯皮克关于维多利亚湖是尼罗河源头的结论终于为举世所公认。

人世间几度风雨，斯皮克的发现受到严峻挑战。尼罗河主支从维多利亚湖流出，这已毫无疑义。问题在于，维多利亚湖四周有许多小河注入，湖水还有个本源问题。因此，近几十年来，一些地理学家认为，尼罗河的源头，应该越过维多利亚湖，上溯到这众多小河中长度最长、水量最大的卡格拉河。

尼罗河

尼罗河是世界上最长的河流，流域面积 287 万平方千米，约占非洲面积的 10%。但是，河水平均入海流量每秒 2300 立方米，年径流量 725 亿立方米，却是世界上水量较少的大河。尼罗河两大支流，主支白尼罗河长约 3650 千米。它从乌干达西北部进入苏丹，汇纳百川，沟通众湖，水势浩大。但一到苏丹南部地区，因河道不畅，遂潴积成大片沼泽。这里阳光炽热，气候燥热，约有 2/3 的河水就地蒸发。待流到喀土穆附近同青尼罗河汇合时，两河相比，白尼罗河简直就成了一条可怜巴巴的涓涓溪流。青尼罗河长 1450 千米，发源于埃塞俄比亚高原。那里常年多雨，年降雨量在 1500 至 3000 毫米之间。大量雨水汇集，沿着陡峭的峡谷直流而下，气度更为不凡。据估计，青尼罗河的水量，约占整个尼罗河水量的 70%。从这个意义上说，青尼罗河可称为尼罗河的主支。

北非的探险

　　沿地中海的非洲海岸向内陆延伸，肥沃的地带很快就变成了世界上最大的沙漠撒哈拉。只有东面的尼罗河河谷才可以给人们提供通往非洲其余部分的陆上通道。在这片严酷的地区中，白天的温度可以升高到54摄氏度，夜间又会下降到冰点，而眯眼的沙暴在几个小时之内就可以把人和牲畜掩埋起来。有很长时间，横越大沙漠的旅行者只有找寻黄金和奴隶的阿拉伯人和柏柏尔人的骆驼队。

尼日尔河的探险

　　尼日尔河探险开始于1788年，英国非洲协会向非洲派出第一个勘探者约翰莱迪亚德，整个探险主要围绕着解决尼日尔河的流向、河源、终点3个谜点进行。尼日尔河探险结出了科学上的硕果，丰富了人类知识的宝库，但这些成果却为西方资产者的贪欲所利用，替深入非洲内陆的殖民侵略开道铺路。

▼尼日尔河

　　1788年，随着总部设在伦敦的非洲协会的建立，西方人开始对撒哈拉进行认真的探察。协会成立后立即派出了一位探险家，约翰·莱迪亚德前往埃及，赋予他的使命是向南然后再向西横越沙漠，目的是探明神秘的尼日尔河。当时，人们迫切地想搞清楚尼日尔河是否是从东往西流以及它是否是泻入大西洋或是汇入尼罗河还是耗干在沙漠之中。

　　尚未动身成行莱迪亚德就死去了。1798年弗里德里克·霍尼曼接替了他的位置。霍尼曼率队西行远至费赞（在利比亚境内）的迈尔祖格，但是他再也不能前进，遂返回到坐落在地中海海岸的的黎波里。他再一次进行了尝试，根据有些报道说，他实际上到达了尼日尔河。但是，他死在了沙漠之中，结果没能发回有关他的成就的任何报告。所以，尼日尔河之谜暂时依然未能破解。

撒哈拉沙漠

　　撒哈拉沙漠是世界上除南极洲之外最大的荒漠，位于非洲北部，气候条件极其恶劣，是地球上最不适合生物生长的地方之一。阿拉伯语撒哈拉意即"大荒漠"。位于阿特拉斯山脉和地中海以南，约北纬14°线以北，西起大西洋海岸，东到红海之滨。横贯非洲大陆北部，总面积约900万平方千米，约占非洲总面积的32%。可以将整个美国本土装进去。撒哈拉沙漠将非洲大陆分割成两部分，这两部分的气候和文化截然不同，撒哈拉沙漠南部边界是半干旱的热带稀树草原，再往南就是雨水充沛、植物繁茂的南部非洲。

　　英国和法国之间的战争把对于北非的进一步探察推迟了好些年。1819年，两个英国人，年轻的外科医生、诗人约瑟夫·里奇和海军军官乔治·莱昂，从的黎波里出发进入撒哈拉。他们出于无奈，装备极差，到达迈尔祖格就不幸患上了痢疾。只有莱昂得以生还，归来时狼狈不堪，但是他却带回来一份关于费赞的翔实报告。

　　1821年，有两位苏格兰人，沃尔特·奥德尼和休克拉珀顿，率领一支装备良好的探险队，沿着里奇和莱昂的足迹出发了。在迈尔祖格，有一个英国人，狄克逊·德纳姆少校，加入了他们的队伍。于是，他们穿越沙漠向南部挺进，于1823年2月到达了乍得湖。在那里，他们分手。德纳姆沿湖的四周进行了探察，而奥德尼和克拉珀顿则继续西进，依旧找寻扑朔迷离的尼日尔河的源头。

　　1824年，奥德尼死于肺炎，但是克拉珀顿又重新同德纳姆会合，二人经艰苦跋涉回到了的黎波里，于1825年回到英格兰。

　　还有一位英国的探险家，即亚历山大·莱恩少校，在1824年大体上成功地确定了尼日尔河源头的位置。1825年，莱恩穿越撒哈拉沙漠并且到达了廷巴克图，成为现代完成此举的第一位欧洲人。不过，他在返回的途中却被图阿列格游牧人抓获并且杀害。

　　1849年，德国出生的探险家海因里希·巴思和阿道夫·奥弗威格加入了一支由英国发起并由英国人詹姆斯·理查逊率领的探察撒哈拉的探险队。1850年，

▼狄克逊·德纳姆少校

▼图中表现的是遭受袭击的一个非洲人村庄，这是狄克逊·德纳姆少校在1823年探察乍得湖地区期间所画的速写

▲画面上是 1852 年海因里希·巴思的一队人马在森林中宿营的场面

他们跋涉至迈尔祖格，然后沿着一条新的路线穿过撒哈拉沙漠，到达奥德尼和他的同伴所选的路线以西。

理查逊在南进的旅程中死于热病，所以巴思接替他进行指挥。巴思和奥弗威格系统地探察了乍得湖周围的整个地区。他们在地图上标出了变换不定的湖岸线和流入湖中的河流，对该地区居民的文化做了笔记。

理查逊去世一年之后，奥弗威格也随之病故，所以巴思只好独自继续。他到达尼日尔河上的赛义之后，又从陆上跋涉到廷巴克图，再顺河乘船返回。随后，又有一个德国人，即沃格尔博士，同巴思会合并且接过了探察乍得湖以南地区的任务。然而，沃格尔却在试图东行至尼罗河河谷中遭到当地人的杀害。在第一次出发过了将近 6 年之后，巴思独自一人回到了伦敦。

罗尔夫斯和纳契蒂加尔在撒哈拉的旅行

在各个帝国主义国家瓜分非洲大陆期间，罗尔夫斯是一个十足的冒险家。他是一个德国人，受过医学教育，但未毕业。28 岁时，他在奥地利军队里当过兵，但过了几个月后就开小差逃跑了，此后他又参加了法国驻扎在阿尔及尔的外籍军团，这个外籍军团所招募的士兵是各个资本主义国家的社会渣滓。他在法国外籍军团任职的 4 年中，多次参加远征活动。罗尔夫斯能熟练地使用阿拉伯的语言文字，了解穆斯林的宗教礼仪，对当地的风俗习惯了如指掌。

1861 年，他被法国外籍军团解职，此后，他冒充一个穆斯林，开始为摩洛哥的苏丹服务，做过摩洛哥军队的军医，后来还当过摩洛哥苏丹皇宫里的御医。在为摩洛哥苏丹任职期间，他在摩洛哥境内进行了多次的旅行，他两次翻越过阿特拉斯山脉，深入到阿尔及利亚撒哈拉沙漠。他第一次试图穿越撒哈拉失败了，但他在 1865 年又一次进行了尝试。抵达乍得湖之后，他设法到达了贝努埃河。他乘船沿河顺流而下，到达了贝努埃河同尼日尔河的会合处，继而驶入大海。

1869 年，罗尔夫斯回到了北非，并且在 1873 年至 1874 年间

▼罗尔夫斯于 1865 年自北向南穿越撒哈拉沙漠

再一次探察了利比亚沙漠的北部和东部边缘。1878 年，他动身跨越乍得湖和尼罗河之间的撒哈拉沙漠，但在库夫拉放弃了这一打算。罗尔夫斯作为德国驻桑给巴尔的领事终结了自己的一生。

罗夫尔斯虽然受过医学的培训，却不是一个科学家。然而，奥斯卡·伦兹却是位科学家。他在 1880 年从摩洛哥到廷巴克图的旅行没有涉足什么新的领域，但是他却做了彻底的地质观测并且说明了撒哈拉地貌的许多特征，成为这样做的第一人。

▲柏柏尔人和阿拉伯人在欧洲人到来之前的数百年里都在穿越撒哈拉沙漠

在很长一段时间内，几乎只有罗夫尔斯对撒哈拉沙漠东部边缘感兴趣。19 世纪 60 年代，有几位探险家沿着白尼罗河西边的支流逆流而上，进入了把尼罗河同刚果盆地分开的地区。不过，只有古斯塔夫·纳契蒂加尔在 19 世纪 70 年代才把这些地区同东部撒哈拉连接起来。

纳契蒂加尔是巴思和伦兹式的科学探险家。在他开始于 1869 年横越撒哈拉的历次旅程中，他成为探察乍得北部靠近利比亚国境线的提贝斯提山区的第一个欧洲人。纳契蒂加尔对于刚果河流域的探察工作由威廉·琼克尔于 19 世纪 80 年代初期完成。琼克尔证明了韦莱河事实上是刚果河水系的一部分，而不是像纳契蒂加尔认为的它与尼日尔河相连接。这一发现，完善了对于非洲大陆北半部具有决定意义的勘测制图工作。

法国人的探险

法国人制定了在北非修建一条铁路横越撒哈拉通往尼日尔及地区的规划。1880 年和 1881 年，保罗·弗拉特斯被派出勘测路线。在试图这样做的过程中，有三名法国探险家被当地的部族人杀害，其中包括弗拉特斯。因此，法国人为自己的勘测人员派遣了军队加以保护。这样一来很快就导致了对整个地区的赤裸裸的军事占领。

法国人对从地中海到刚果盆地整个领地控制的探险队是由费尔南德·福里奥率领并从北而来的。福里奥曾深入到阿尔及利亚的内地进行过几次探险活动，但从未走完横贯撒哈拉的全程。这一次，他奉命率领一支庞大的探险队同来自西面尼日尔河和来自南面刚果河的其他法国探险队在乍得湖会合。

这支探险队出师不利，几天内就丧失了几乎所有的骆驼。但他们变更了部署，继续开赴他们所计划的集合地域。约定了集合地点之后，福里奥继续南下朝着刚果河的河口前进。他把许多时间都用来进行地理学和生物学的观察。福里奥树立的榜样后来被许多法军中的探险家所效仿。

走进非洲

    大卫·李文斯敦被喻为"非洲之父"，他一生中充满浓厚传奇和英雄色彩的故事，一直为大家所津津乐道。年轻时他就将生命献给蛮荒落后的非洲大陆，他一生努力要让非洲成为全世界基督徒比例最多的地方，他将文明与基督教福音带入非洲。他在非洲不只是宣教师，也是医生、探险家、改革家。他研究非洲的热病和致死疾病的毒虫、植物和鸟兽，各种可吃与有毒的果子；他到了非洲最黑暗的地方，发现非洲许多不为人知的湖泊、河流；每有所获，都寄回伦敦大学作研究。他更竭力遏止当地贩卖黑奴的勾当，改革当地的陋习，在非洲大陆医疗传道的生涯中，他历经了无数的危机。他被好战的土著攻击过，被大猩猩包围过，被黑奴贩子追杀过，多少次需渡过湍流，爬过险坡，他的胸部留着被狮子咬伤的一排齿痕，他亦曾在丛林中染过疟疾，在沙漠中口渴难当……经过许多危险，最后他死在非洲，他的一生把福音与医学带给非洲。李文斯敦后来被尊称为"人类历史上最伟大的探险家"。

李文斯敦之前的探险者

    在一段很长的时期内，在世界地图上，非洲中部是一片的空白。没有外人知道那里居住的人种、河流、山脉、生长的植物与动物，因此地理学家称该地区为"黑暗大陆"。虽然不断有人想进入这个地方，结果都铩羽而归。

    公元前3、4世纪，希腊、罗马时代有一批地中海的冒险家，想藉由尼罗河上溯，探测世界最神秘的角落，结果迷失在一条上游的小支流。不过他们宣

▼神秘的黑色大陆

称非洲中部一定有很大的湖泊，否则无法供应尼罗河巨大的水量。在尼罗河上游，他们远望到两座巨大的山峰，尼罗河就是由中间流出，也许那里就是进入中非洲的通道，他们称此为"巨人胯下的水道"。

中世纪时期，有关非洲内陆的传言更多了，不少传言那里是钻石、银子与女巫统治的王国等，但是外人一直无法由北非洲进入中非洲。15世纪，葡萄牙的海军进占非洲西部邻海的平原，并想由西部的赞比西河进入非洲的内陆，结果遇到赞比西河一连串的湍流、瀑布、漩涡，这条河流打败了当时最擅长航行的葡萄牙探险队。100多年后，葡萄牙人再组成一支400人的探险

李文斯敦父母的教导

李文斯敦的父母给他的影响很大，父母的教导使他一生受用。他的父母曾经给他四点教导：第一是勤劳的美德，勤劳是除了必要的休息之外，不浪费时间在无意义的事情上；第二是节俭的生活，节俭是对物质需要的节制，以最少的需求去面对每天该尽的责任；第三是读书的习惯，使人一生在不断的学习中进步；第四是敬畏上帝，敬畏上帝是上帝塑造人性格的钢骨。这四点对于李文斯敦后来在非洲的生活极为有用。以至于过去几千年来，许多探险家无法达成的使命，是李文斯敦达成了。探险成功的关键，克服困难达成任务的秘诀，不在探险队的人多、设备精良、粮食富足、享有盛名，而在人的勤劳、节俭、爱读书与对上帝的敬畏，这些看似与探险没有直接相关的事上。

队，由非洲东部的莫桑比克进入中非洲，结果这400人有去无回，全部队员死在虐蚊丛生的雨林里。

18世纪后期，英国进驻南非的开普敦，再派探险队北上，想进入几千年来无法进入的黑暗大地，结果又再受阻于北方的卡拉哈里大沙漠，大部分的探险队员与所有的座骑，都死于传布昏睡致死的采采蝇。从此，探测非洲内陆才逐渐地冷淡下来。英国人忙着建立自己的海权大国，葡萄牙人转到中南美洲去发展，埃及人满足于他们出产丰富的果园，外人对于非洲内陆已经没有兴趣了。唯一有兴趣是非洲沿海的波尔人与回族人，他们逐渐自海边向内陆渗入，捕捉黑人当奴隶贩卖。至少有1500万的黑人被捕，当成奴隶被贩卖到世界各处。这使得非洲沿海的部落逐渐地被消灭掉，换成一船、一船的奴隶往外送。

非洲内陆由原来黄金、象牙的神秘王国，变成了奴隶产地的大本营。除了奴隶贩子之外，没有外人知道非洲内陆发生了什么事，没有人去提供那里的山脉、河流、动物、植物的资料。有谁能够高举真理的烛光，进入这黑暗大陆，为那里受苦的土著伸冤？为那里的自然地理，记录下第一手的资料呢？千年的等待，终于出现了一个最合适的人选——李文斯敦。

走进非洲

大卫·李文斯敦出生于苏格兰中部的拉纳克郡布兰太尔村，父亲是个小茶叶贩子，6个孩子中李文斯敦排行老二，出生于1813年3月13日。

李文斯敦本是一个贫苦苏格兰人的儿子。10岁那年，他就被送到纱厂里工作。每天清早五时半起床，一直做到晚上八时为止。每晚工厂关门后，他就到夜校去上两小时课，

▶李文斯敦

▼罗伯特·摩法特

这样半工半读有 13 年之久。

其实李文斯敦早就渴望做一个宣教士。凭着自身的努力，于 1836 年，他考进了医学院，也在神学院兼修神学课程。起初他尝试传讲神的道理时，常是一败涂地。例如有次他在一间乡村小教会讲道，虽事先仔细准备好讲章，但一上台却讲不出话，只对众人嗫嚅地讲了一句话："各位朋友，我把要讲的一切全部忘却了。"说完便逃去无踪。

然而，这位满腔热情的青年之潜质终于渐渐显露出来。他在一个聚会里，听到当代著名的宣教士摩法特谈到非洲的宣教情况，心里便对非洲向往不已。他便问摩法特他能否为非洲做点事，这位日后成为他岳父的资深宣教士回答说："可以，如果你准备好离开现在的工厂。"李文斯敦把这句话藏在心里，矢志不忘。

李文斯敦勤奋好学，获得了医学和神学的博士学位。经过"伦敦传教士学会"的培训以后，他乘船去往南非开普敦，要到非洲内地和传教士摩法特一起工作。

北进传教

1841 年初，到达开普敦。在还没到摩法特在库鲁曼的福音站之前，李文斯敦所见到的情形，就使他不能静默不言。在英国，早于 1833 年，禁止奴役法案通过实施，殖民地也应该遵行；英国海军巡逻制止贩奴活动，但非法的奴役仍然存在，每年出口往古巴、巴西及美国的黑奴，仍然有 6 万名之多。李文斯敦表现出他是不讨人喜悦也不避争议的人物。以一名后进宣教士，他立即在讲道中反对白人剥削压榨黑人。

同年 7 月 31 日，李文斯敦到达库鲁曼福音站。摩法特去英国还未回来，几名宣教士枯守着福音站，看着约 40 个土著信徒。李文斯敦不能这样。他是来宣教而不是来耗时间的。他只懂得有限的当地语言，就勇敢北进。一年之后，他已超越任何白人所到最北的地方，也学了非洲的语言文化。

他先接触的是巴喀拉部族，他们的酋长是摩西雅黎黎，李文斯敦的坦白和诚实守诺，赢得了他们的信任。他知道，作为宣教士，必须学习当地通用的班图语言，否则难以真正同他们交流。

再往北进，是巴克温部族的地区，酋长是席其理。李文斯敦发现他英明而有分析能力。李文斯敦在所到的地方，总是详细地观察，并做笔记，他把经纬度、地理形势、人民生活习惯、动物、植物、出产、疾病等都一一记录下来。他也医治土著的病人，颇得他们的好感。有一位酋长，私下到他的帐篷，问有什么药品可以改变心情，因为他自知有骄傲和焦躁的毛病。李文斯敦告诉他，唯有接受基督的救恩。但他们有问题，却不能悔改，其中之一是多妻。那不仅是情欲，还与文化的背景有关，因为他们认为如果只有一个妻子，有损酋长的尊严，部族人民就不再信仰他。

▲1844年，李文斯敦对有关恩加米湖的种种奇异传说发生了浓厚的兴趣，这是他前往探险的途中

1844年1月，摩法特终于回到库鲁曼。原来他逗留在英国的原因，是为了印刷他翻译的塞川纳语新约圣经。以后，福音进展甚为迅速，多人归主。批评他的人，才了解摩法特稳健而近于独裁的策略，是有原则和远见的。

在摩法特的福音站附近玛保萨村有狮子为患，吃掉了许多牲畜。迷信的土人，相信那些狮子有邪灵附身。李文斯敦不仅要为居民除害，还要为他们破除迷信。于是他召集了村民去猎狮。他们发现有几头狮子，在大石上休息。李文斯敦用双管猎枪，对准狮群中最大的一头雄狮，双管子弹都射中它。当重新装填子弹的时候，那受伤狂怒的狮子猛扑过来，咬着李文斯敦的左臂。一名土人信徒麦保维向那狮子发射了一枪，但没有发火。狮子转而扑向麦保维，咬伤了他的大腿；又咬伤另一土人的肩头，然后忽然倒在地上死亡。李文斯敦左臂上的伤痕经过长久休养才渐渐痊愈，但其功能始终没有完全恢复。李文斯敦只得改用右手举猎枪，左手扳机。

1845年6月2日，32岁的李文斯敦同摩法特的长女玛丽结婚。玛丽像丈夫一样能够吃苦，为主勇往无畏。有时李文斯敦顾及妻子的安全，不知她能否适应丛林生活。玛丽说："你难道忘记了不止百次说过'不问何往，只要向前'？我是宣教士的女儿！"这样，在婚后3年之内，他们三迁其居：不是为了选择更好的小区，而是每次都更北上，深入不可知的非洲内地。他们在蛮荒中生活，也生下了孩子。

1852年，玛丽的健康退步，为了安全和孩子们的教育，他只好让玛丽带着孩子们回到苏格兰，因为他去的环境，实在不适于家庭。此后，李文斯敦开始了4年多的冒险生涯。

◀李文斯敦在马博察遭遇狮子袭击

蛮荒之旅

李文斯敦把自己的妻子和孩子送回英国后，他开始从事凶险的蛮荒之旅，从西岸的大西洋，到东岸的印度洋，横越非洲大陆，到从没被白人脚踏过的地方。

到达非洲西海岸的旅行

李文斯敦把妻子和孩子送回了英国后，定下了自己的探险目标：他要从开普敦出发，由南向西北，斜向穿过非洲大陆，一直到安哥拉的罗安达港口。

▲李文斯敦

1852年6月3日，李文斯敦带着几个非洲土著人出发了。他们到了库鲁曼，沿着卡拉哈里沙漠，进入里图巴鲁巴地区。

1853年5月李文斯敦到达里年蒂镇，马科洛洛族的老酋长赛比团尼的儿子，年轻的酋长在镇上为他举行了隆重的欢迎仪式。在里年蒂镇，李文斯敦医生得了很重的寒热病，不能走了。他利用这个机会，全力以赴考察研究了当地的风俗习惯，这使他第一次深刻地认识到贩卖黑奴在非洲造成的灾难的可怕！

一个月之后，他沿着潮北河顺流东下到达赞比西河，沿河西上行进入纳尼埃莱地区。他制定了沿着赞比西河上行，直到葡属殖民地安哥拉西海岸的计划。为探险做好准备后，李文斯敦医生带着27名马科洛洛族人，从里年蒂镇出发，回到了里巴河口，沿赞比西河上行，到达巴隆达部族聚居区。这儿是由东向西流的马孔多河流进赞比西河的河口。李文斯敦医生是第一个到达这里的白人。

▼李文斯敦和他的伙伴们在赞比西河激流中

1854年1月，李文斯敦走进了巴隆达部族最强大的土著王辛泰的宫殿，受到辛泰的欢迎。然后渡过里巴河，到达卡蒂马土著王的领地。接着他们到了扎伊尔西南部的迪洛洛湖边，就在岸边宿了营。从此开始，旅途变得极为坎坷：沿途的土著人提出了各种各样的要求，还有些部落袭击了他们，随行的土著人中有人叛变，一系列的危险都直接危及生命。换一个毅力稍差一点的人，早向后转了。可李文斯敦医生坚持住了。

4月，他抵达宽果河边。这条宽宽的大河，是葡属安哥拉的边界线，向北流向扎伊尔，进入开赛河。6天以后，李文斯敦医生到达卡松加，5月底，他到了罗安达港口。

这是有史以来，第一次有记载的从南非斜

穿过整个非洲大陆到达非洲西海岸的旅行，历时两年。

1854年9月，李文斯敦离开了罗安达，沿着宽扎河右岸，到达伦格奔古河交叉处，沿途碰见很多押送黑奴的"沙漠商队"。

1856年2月他又从卡松加出发，渡过宽果河，到达赞比西河上游的卡瓦瓦镇。接着他又回到了迪洛洛城，又见到了土著王辛泰。尔后，他沿赞比西河南下，重新回到探险基地里年蒂镇。

去非洲的东海岸

李文斯敦医生准备进行的探险的第二大目标，是去非洲的东海岸，这将使他最后完成从非洲西海岸到东海岸的全部考察工作。

参观过"烟雾弥漫、雷声隆隆"的维多利亚瀑布之后，李文斯敦医生离开了赞比西河向西北方向前进，穿过巴托卡族聚居区。

当地的土著人吸食大麻成瘾，形状呆傻。李文斯敦访问了当地最有势力的酋长赛马兰卜埃，渡过了卢萨卜南部的卡富埃河。接着，又沿着赞比西河下行，访问了土著王穆布鲁马，参观了尊博城的废墟，这废墟是葡萄牙人的古城。

▼1859年，李文斯敦横渡了尼亚萨湖

1856年3月2日，李文斯敦医生到达赞比西河下游的重镇泰特。这就是他探险的第二大目标的主要路程。

4月，李文斯敦医生离开了这座当年也是非常繁华的码头城市，向赞比西河右岸三角洲下行。5月到达出海口克利马内港，至此，从他自开普敦出发到这时已经4年了。

7月，李文斯敦医生乘船前往毛里求斯，尔后回到阔别16年的故乡英国。巴黎地理学会为李文斯敦医生颁发了奖金，伦敦地理学会也为他颁发了大奖章，举行了盛大的招待会。这位红极一时的旅行家可以说拥有了他想有的一切。换一个人也会觉得该休息一下了，可李文斯敦医生却不这么想。

考察赞比西河盆地

1858年3月，李文斯敦带着比丁费尔德上尉、奇尔克和梅勒尔医生、托恩顿和柏恩斯先生以及李文斯敦的弟弟查理·李文斯敦，又出发去了南非。

5月份他们到了莫桑比克海岸，他们要去考察赞比西河盆地的情况。他们乘一艘名为"马洛泊尔"的小汽艇沿赞比西河上行，抵达泰特。

1859年，他们考察了赞比西河赤勒河的下游和上游西岸一带，然后又考察了奇尔瓦

▲ 1858 年李文斯敦航行在赞比西河上

斯坦利

李文斯敦死后，他的品格和一生深深地感动了斯坦利，使他回到非洲，去解决"这位好医生"留下的一些问题。他发现，李文斯敦认为流入尼罗河的卢阿拉巴河其实是刚果河的河源，刚果河向西流进了大西洋。1877 年 11 月 26 日，在离开桑给巴尔正好 999 天之后，斯坦利到达了位于西海岸的博马。这样，非洲四条大河中的最后一条终于也被人们从源头到出口探索了一遍。

湖，访问了芒刚甲族聚居区，发现了尼亚萨湖。然后沿赞比西河西上，于 1860 年 8 月 9 日回到维多利亚瀑布城。

1861 年 3 月，李文斯敦考察鲁伍马河，沿河上行，又回到了尼亚萨湖，在那儿他们一直住到 10 月底。第二年 5 月，李文斯敦第二次考察莫马河。11 月底他又回到赞比西河，再沿赤勒河上行。1863 年 4 月同行的托恩顿先生病故，李文斯敦医生把他的兄弟查理·李文斯敦和奇尔克医生送回欧洲。

11 月，他第三次考察尼亚萨湖，完成了这一地区的地形考察记录。3 个月以后，他又回到赞比西河海口，经桑给巴尔，于 1864 年 7 月，回到了离别 5 载的伦敦。在伦敦他发表了《赞比西河及其上游各支流考察记》。

考察坦噶尼喀湖地区

1866 年 1 月，李文斯敦医生重返桑给巴尔，开始了他第四次探险。这次，他只带了几名脚夫和黑人伙计。他沿途目睹了贩卖黑奴给这一地区造成的恐怖，到达了尼亚萨湖岸边的马卡洛杰镇，过了 6 周以后，他大部分随行人员都逃回桑给巴尔去了。他们逃回去以后四处散播谣言，说李文斯敦已经死了。

然而，这点打击阻止不了李文斯敦，他要考察从尼亚萨湖到坦噶尼喀湖之间的这一地区。12 月，在土著向导的带领下，他渡过了卢安爪河。

1867 年 4 月，李文斯敦医生发现了班韦乌卢湖。他在此地得了重病，几经生死。病情刚有好转后，他就赶到姆韦鲁湖，考察这小湖北岸的情况。尔后回到卡申贝城，住了 40 天。在这段时间中，他又两次到姆韦鲁湖进行考察。

他的旅行过程，似乎只是些日子和地名，可其中的艰辛简直是无以言表的。李文斯敦不愧是一个伟大的探险家！

他的身体虚弱到了极点，自 1869 年 1 月始，他再也不能动了，只好让别人抬着走。2 月份到达坦噶尼喀湖的乌季季镇，在那儿他得到了加尔各答东印度公司寄给他的一些支援他探险旅行的物品。当时，李文斯敦医生心里只有一个念头，就是要沿着坦噶尼喀湖北上，一直到尼罗湖的发源地或者是尼罗河盆地。

9 月，他到达了邦巴勒镇，这是有吃人肉习俗的马尼野马部族聚居区的一个小镇，然后他又到了卢阿拉巴河岸。海军上尉喀麦隆曾经怀疑这条河就是扎伊尔河，也即刚果河的上游，后来的斯坦利发现卢阿拉巴河确实和扎伊尔河、刚果河是同一条河流。

李文斯敦医生在卢阿拉巴河东岸卡松戈以北的马莫埃拉病了 80 天，身边只有三个仆人。1871 年 7 月，他终于又动身前往

▲斯坦利对李文斯敦说："李文斯敦医生，我没猜错吧？"

坦噶尼喀湖，到达乌季季镇时，他瘦得只剩一把骨头了。

人们已经很长时间没有他的消息了。在欧洲，很多人怀疑他已不在世上。连他自己也曾绝望过，以为自己绝对不会得救了。

他回到乌季季镇 11 天之后，他听见距湖岸四分之一英里的地方响起了枪声，李文斯敦赶到了枪响的地方。出现在他面前的是一个白人。"李文斯敦医生，我没猜错吧？""是我。"医生和善地笑着，摘下了帽子。他们的手紧紧地握在了一起。"感谢上帝，感谢上帝，我能在这儿遇见你！""非常荣幸，在此欢迎你的到来！"这个白人不是别人，他就是美国人斯坦利——《纽约先驱报》的记者。他受报社委托，专门来非洲寻找李文斯敦医生的。

他们马上成了好朋友，一起去考察了坦噶尼喀湖北部地区的情况。他们坐船一直到麦加拉角，经过一次仔细考察以后，他们发现，这个大湖通向卢阿拉巴河的一条上游支流，就是它的溢洪道。这也是喀麦隆和斯坦利本人在几年以后作出的肯定结论。

当两位旅行家分手时，李文斯敦医生说："你已经完成前人极少能干出来的事业。

◀李文斯敦一家

你取得的成就已经远远超过了很多大旅行家。""十分感谢你，我的朋友，愿上帝引导你前进，上帝保佑！"斯坦利紧紧地握着李文斯敦的手回答道："亲爱的医生，上帝保佑，你会安然无恙地回到我们中间的。"说罢，斯坦利松开手扭过了头去，他不愿意让李文斯敦医生看到自己的眼泪。"朋友，再见，亲爱的！"斯坦利泣不成声。"再见！"李文斯敦的声音十分微弱。

最后征途

▲《关于李文斯敦生平和非洲探险》一书的封面

1872年3月，斯坦利同李文斯敦握别，动身前往英国，成为一个完全改变的人。他不仅接受了福音，也对非洲黑人变得友好；他所写的对李文斯敦的报道，感动了许多人继续到非洲宣道。李文斯敦拒绝了斯坦利要他离开非洲的要求。有了斯坦利给他的补给和医药，李文斯敦以衰弱之躯，继续孤军奋进：他要寻得尼罗河的源头和废止贩卖奴隶。

再向坦噶尼喀湖南部进发

李文斯敦准备再次开始自己的旅行和考察。这次的考察目标是，在考察过坦噶尼喀南部以后，就会穿过罗安达山区，去考察西部那些外人未至的地方。再从那儿去安哥拉，考察贩奴活动猖獗的地区，一直要到卡索塔，这条路线是既定的，李文斯敦医生不会改变。

1872年8月25日，他在库伊哈拉休养了5个月之后，踏上最后一次征途，向坦噶尼喀湖南部进发，开始了他探险生涯中的最后一次搏击。跟随他的有黑人仆人苏齐·舒马和阿莫达、佳科·温瑞特，以及另外两个仆人。斯坦利给了他56名土著护从，也跟着。

一个月以后，李文斯敦的旅行小队抵达姆拉，到姆拉的旅途中，因严重的干旱而引起了风暴。风暴结束，下起了大雨，土著人不肯帮忙，在舌蝇叮咬下，马匹相继病倒死亡。李文斯敦也病倒了。

在这多雨、多疾病的土地上，李文斯敦的身体越来越虚弱，但他仍旧由队员抬着继续坚持探险，不管旅途中发生什么事情，他都坚持做记录。

1873年4月，李文斯敦的内脏开始出血。他忍着疾病的折磨，咬牙继续坚持。4月21日，他已经无法步行。之后的8天，他一直躺在担架上前进。望着辽阔湛蓝的天空，听着耳边呼呼刮过的山风和自己沉重的呼吸，这位坚强不屈的斗士知道自己将不久于人世了，他再也不能与这个神秘的大陆和那些质朴敦厚的黑皮肤朋友在一起了。想到这些，他不禁泪流满面。

李文斯敦纪念馆

在李文斯敦离世的地方，现在是李文斯敦市，有个纪念馆，陈列他的遗物；有一座巨大的铜像，面向着浩荡的维多利亚瀑布。更重要的是，这"伟大的白人父亲"的形象，深印在无数非洲人的心里。那些开发黄金、钻石、收采象牙的人；那些殖民地的军队、官员，不能长久征服的心，却甘愿地献给了一名无兵、无钱、无势的苏格兰人。

魂断坦噶尼喀湖

1873年4月27日，到达齐屯库艾，继而向齐坦博村前进。4月29日，李文斯敦躺在一副担架上被抬进班韦乌鲁湖南岸的村庄齐坦博。30日深夜，他在剧烈的疼痛中，断断续续地呻吟着："啊！天哪！天哪！"说完，他就昏死了过去。一个小时后，他醒过来，呼唤仆人苏齐给他拿点药来，然后有气无力地说："好了，你去吧。"

凌晨4时，苏齐和另外5个护从走进医生的茅屋。大卫·李文斯敦双手扶着床边，跪着。额头伏在两只手上，似乎是在祈祷，苏齐用手摸了一下医生的额头：已经冰凉了。

1873年5月1日，晨曦微露时分，李文斯敦医生逝世了！非常遗憾的是，尼罗河水的源头离这位伟大的探险家仅仅200英里。

他几名忠心的仆人，是他10年前解放的奴隶，一直跟从他。他们把李文斯敦的心埋葬在他所爱的非洲；用9个月的时间，把他的遗体用白布裹了，在日下晒干；经过漫长路程，抬去海港，再运到英国，前后历时近一年。

当船靠近英国海岸时，皇家骑炮兵队鸣礼炮21响致敬，全国哀悼。他的遗体已经辨认不出是谁，只有从他臂上被狮子所咬的伤痕，认出确是那"身上带着耶稣的印记"伟大宣教士。他已升天领取荣耀的冠冕，留下残破的帐篷，安葬在威斯敏斯特大教堂，墓铭刻着："30年来他致力于教化土著，探测未发现的秘密，废除中非洲破坏性的贩奴贸易。"

李文斯敦在非洲度过了30年，足迹遍及非洲大陆的三分之一。作为第一个从西到东横跨非洲大陆的先行者，他获得伦敦皇家地理学会的金质奖章。尽管他未能完成自己的人生目标之一——尼罗河探源，但作为第一个发现维多利亚瀑布的白人，他名垂青史。

▲ 4月29日，李文斯敦是躺在一副担架上被抬进班韦乌鲁湖南岸的村庄齐坦博

▼ 李文斯敦的雕像

第五章

神秘的亚洲

　　世界认识亚洲、亚洲认识世界，都是通过一批勇于冒险的探险家实现的。特别是世界对亚洲最大的国家中国的认识和了解、亚洲最大的国家中国对世界的认识和了解，所历途径，都是一样。

　　第一个来中国，并且把中国文明介绍给欧洲的人是意大利人马可·波罗，那时是中国的元朝。而在这之前，公元前138年到119年，张骞奉汉武帝之命，两通西域，开辟了我国和西方的国际陆路交通道路。从此，一条从长安出发，经河西走廊和今天的新疆境内，到达中亚、西亚，甚至欧洲的"丝绸之路"也正式开通。其后中国人沿着这条道路前往中亚和欧洲。中国晋朝的大僧人法显已经从陆上沿着"丝绸之路"，走到了印度各地及今天的斯里兰卡，又由斯里兰卡从海洋上漂到今天的山东半岛。他的动机是取经和参佛，但他身上所具备的却是探险精神。公元7世纪，我国唐朝的，至今还被世界津津乐道的大僧人、大法师玄奘又沿着前人的足迹，踏上所谓的"死亡之海""高原禁区"，以常人难以想象的毅力，千难万险地从长安走到印度半岛的最南端，历经13年，然后又回到唐太宗李世民治理下的中国长安。中国的旅行家、探险家的著作，给中国提供了认识外界的知识。

　　中国人不仅在陆上探险取得了重大的成果，而且在航海上的探险也走在世界的前列。600多年前，郑和7次率船浩浩荡荡驶入大海，历时28年，开创了中国历史上最大规模的海上探索与交流之先河。郑和船队远航到过东南亚诸岛、印度洋、波斯湾、红海，到达赤道以南的非洲东海岸，历经当时亚非30余国。郑和的航海探险比西方探险家达·伽马、哥伦布等人早80多年。

　　对亚洲的认识与探险，不仅中国人取得了重大的成果，西方人对亚洲腹地的探险成就也非常瞩目。被称为世界"第三极"的喜马拉雅山和"世界屋脊"的青藏高原长久以来是世界上最富于浪漫幻象和神秘色彩的净土。为了揭开其神秘的面纱，从17世纪开始，欧洲的传教士纷至沓来，开始了他们的冒险之旅。

　　雪域、严寒、空旷、野蛮，这些词总是与辽阔的西伯利亚联系起来，长久以来，这个地球的高寒地区被高山、大川隔绝，外界想触探，就要探险。不过对其发现的过程与对世界其他"生命禁区"的发现过程不同，对西伯利亚的发现之旅，就是沙俄的征服扩张之旅。

打通丝绸之路

　　张骞出使西域本为贯彻汉武帝联合大月氏抗击匈奴之战略意图，但西域开通以后，它的影响，远远超出了军事范围。从西汉的敦煌，出玉门关，进入新疆，再从新疆连接中亚细亚的一条横贯东西的通道，再次畅通无阻。这条通道，就是后世闻名的"丝绸之路"。"丝绸之路"把西汉同中亚细亚的许多国家联系起来，促进了它们之间的经济和文化的交流。

遣使联合大月氏

　　西汉建国时，北方即面临一个强大的游牧民族的威胁，这个民族称为"匈奴"。汉高祖时曾企图击溃匈奴，结果反被匈奴击败。从此，汉朝不敢用兵于北方，只好采取"和亲"、馈赠及消极防御的政策。但匈奴贵族，仍然不断地骚扰汉朝边境。

　　公元前140年，汉武帝刘彻即位。此时，汉王朝已建立60多年，历经汉初几代皇帝，奉行轻徭薄赋和"与民休息"的政策，特别是"文景之治"，政治的统一和中央集权进一步加强，社会经济得到恢复和发展，并进入了繁荣时代，国力已相当充沛。汉武帝正是凭借这种雄厚的物力财力，及时地把反击匈奴的侵扰提上了日程，从根本上解除来自北方威胁的历史任务。

　　汉武帝即位不久，从来降的匈奴人口中得知，在敦煌、祁连一带曾住着一个游牧民族大月氏。秦汉之际，月氏的势力强大起来，攻占邻国乌孙的土地，同匈奴发生冲突。汉初，大月氏多次为匈奴单于所败，被匈奴彻底征服，被迫西迁。但他们不忘故土，时刻准备对匈奴复仇，并很想有人相助，共击匈奴。汉武帝根据这一情况，遂决定联合大月氏，共同夹击匈奴。于是，他下了一道诏书，征求能干的人到月氏去联络。当时，谁也不知道月氏国在哪儿，也不知道有多远。要担负这个任务，可得有很大的勇气。

◀张骞

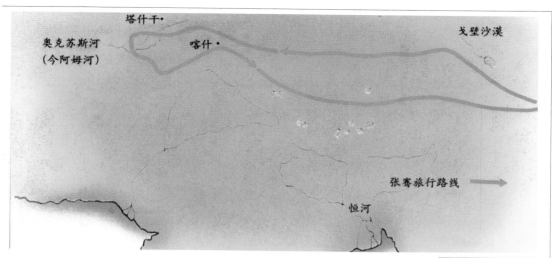

塔什干•

奥克苏斯河
（今阿姆河）

喀什•

戈壁沙漠

张骞旅行路线 →

恒河

▲张骞探险路线图

艰险的西域之旅

汉武帝的诏书下达后，年轻的张骞觉得这是一件有意义的事，首先应征。张骞，西汉汉中成固（今陕西城固县）人，生年及早期经历不详。汉武帝刘彻即位时，张骞已在朝廷担任名为"郎"的侍从官。据史书记载，他"为人强力，宽大信人"。即具有坚忍不拔、心胸开阔，并能以信义待人的优良品质。

这个使命是异常艰巨的，同时也是极危险的。因为，西汉人对中亚的地理形势一无所知，不管被击败的月氏部落逃往何地，毫无疑问，他们现今在数千里以外的西部广阔的草原和荒野地区放牧，然而这些地区的真正的统治者是匈奴人。虽然去西域路途充满凶险，但有张骞的带头，别的人胆子也大了，很快就有100多名勇士应征。有个在长安的匈奴人叫堂邑父，也愿意跟张骞一块儿去找月氏国。

公元前138年，汉武帝就派张骞带着100多个人出发去找月氏。但是要到月氏，一定要经过匈奴占领的地界。张骞他们小心地走了几天，还是被匈奴兵发现并围住了，全都做了俘虏。

匈奴单于得知张骞欲出使月氏后，对张骞说："月氏在吾北，汉何以得往？使吾欲使越，汉肯听我乎？"这就是说，站在匈奴人的立场，无论如何也不容许汉使通过匈奴人地区，去出使月氏。就像汉朝不会让匈奴使者穿过汉区，到南方的越国去一样。张骞一行被扣留和软禁起来。

匈奴单于为软化、拉拢张骞，打消其出使月氏的念头，进行了种种威逼利诱，还给张骞娶了匈奴的女子为妻，生了孩子。但他始终没有忘记汉武帝所交给自己的神圣使命，没有动摇为汉朝通使月氏的意志和决心。张骞等人在匈奴一直留居了10年之久。

日子久了，匈奴对他们管得不那么严。张骞跟堂邑父商量趁匈奴人不防备逃走。公元前128

▼张骞出使西域图

年，张骞携带妻儿、忠实的同伴堂邑父和一部分随行人员乘机逃跑了。

他们向西行，走了好几个星期。起初，他们从一个沙漠绿洲转向另一个沙漠绿洲，沿着东天山南部山麓前进，后来，穿过了乌孙游牧部落的领地，乌孙人在生活习俗上与匈奴人相似。然后，他们沿高山峡谷翻过了中天山高耸的山岭，来到伊塞克湖沿岸的赤谷城，这座城是乌孙部族领袖的大本营。从此出发，他们越过高山隘口，沿纳伦河（在锡尔河上游）河谷进入费尔干纳平原，这是大宛（在今中亚细亚）的领土。

大宛和匈奴是近邻，当地人懂得匈奴话。张骞和堂邑父都能说匈奴话，交谈起来很方便。他们见了大宛王，大宛王早就听说汉朝是个富饶强盛的大国，这回听到汉朝的使者到了，很是欢迎，并且派人护送他们到康居（约在今巴尔喀什湖和咸海之间），再由康居到了月氏。

月氏被匈奴打败了以后，迁到大夏（今阿富汗北部）附近建立了大月氏国，不想再跟匈奴作战。大月氏国王听了张骞的话，不感兴趣，但是因为张骞是个汉朝的使者，也很有礼貌地接待了他。

张骞和堂邑父在大月氏住了一年多，还到大夏去了一次，看到了许多从未见到过的东西。但是他们没能说服大月氏国共同对付匈奴，只好决定返回。

公元前128年，张骞动身返国。归途中，张骞为避开匈奴控制区，改变了行进路线，计划通过青海羌人地区，以免匈奴人的阻留。于是翻越葱岭后，他们不走来时沿塔里木盆地北部的"北道"，而改行沿塔里木盆地南部，循昆仑山北麓的"南道"。从莎车，经于阗（今和田）、鄯善（今若羌），进入羌人地区。但出乎意料，羌人也已沦为匈奴的附庸，张骞等人再次被匈奴骑兵所俘，又扣留了1年多。

公元前126年初，匈奴发生内乱。张骞便趁匈奴内乱之机，带着自己的匈奴族妻子和堂邑父，逃出了匈奴的控制区。他们既无钱财又无食物，由于堂邑父是一个熟练能干的弓箭手，在最困难的时刻他箭射禽兽充饥，他们才不致忍饥挨饿。

◀张骞回到长安

张骞第一次出使西域，他在外面足足过了13年才回来。汉武帝认为他立了大功，封他做太中大夫。

张骞向汉武帝详细报告了西域各国的情况。他说："我在大夏看见邛山（在今四川省）出产的竹杖和蜀地（今四川成都）出产的细布。当地的人说这些东西是商人从天竺（就是现在的印度）贩来的。"他认为既然蜀地可以买到天竺的东西，一定离蜀地不远。

汉武帝就派张骞为使者，带着礼物从蜀地出发，去结交天竺。张骞把人马分为4队，分头去找天竺。4路人马各走了两千里（1里=500米）地，都没有找到。有的被当地的部族打回来了。

往南走的一队人马到了昆明，也给挡住了。汉朝的使者绕过昆明，到了滇越（在今云南东部）。滇越国王的上代原是楚国人，已经有好几代跟中原隔绝了。他愿意帮助张骞找道去天竺，可是昆明在中间挡住，没能过去。

张骞回到长安，汉武帝认为他虽然没有找到天竺，但是结交了一个一直没有联系过的滇越，也很满意。

结交西域

到了卫青、霍去病消灭了匈奴兵主力，匈奴逃往大沙漠北面以后，西域一带许多国家看到匈奴失了势，都不愿意向匈奴进贡纳税。汉武帝趁这个机会再派张骞去通西域。公元前119年，张骞和他的几个副手，拿着汉朝的旌节，带着300个勇士，每人两匹马，还带着一万多头牛羊和黄金、钱币、绸缎、布帛等礼物去结交西域。

从军封侯

在张骞通使西域返回长安后，他曾直接参加了对匈奴的战争。公元前123年，大将军卫青两次出兵进攻匈奴。汉武帝命张骞以校尉，从大将军出击漠北。当时，汉朝军队行进于千里塞外，在茫茫黄沙和无际草原中，给养相当困难。张骞发挥他熟悉匈奴军队特点、具有沙漠行军经验和丰富地理知识的优势，为汉朝军队作向导，指点行军路线和扎营布阵的方案。由于他"知水草处，军得以不乏"，保证了战争的胜利。事后论功行赏，汉武帝封张骞为"博望侯"。

张骞到了乌孙（在新疆境内），乌孙王出来迎接。张骞送了他一份厚礼，建议两国结为亲戚，共同对付匈奴。乌孙王只知道汉朝离乌孙很远，可不知道汉朝的兵力有多强。他想得到汉朝的帮助，又不敢得罪匈奴，因此乌孙君臣对共同对付匈奴这件事商议了几天，还是决定不下来。

张骞恐怕耽误日子，打发他的副手们带着礼物，分别去联络大宛、大月氏、于阗（在今新疆和田一带）等国。乌孙王还派了几个翻译帮助他们。

这许多副手去了好些日子还没回来。乌孙王先送张骞回到长安，他派了几十个人跟张骞一起到长安参观，还带了几十匹高头大马送给汉朝。汉武帝见了他们已经很高兴了，又瞧见了乌孙王送的大马，格外优待乌孙使者。

过了一年，张骞害病死了。张骞派到西域各国去的副手也陆续回到长安。副手们把到过的地方合起一算，总共到过36国。

打那以后，汉武帝每年都派使节去访问西域各国，汉朝和西域各国建立了友好交往。西域派来的使节和商人也络绎不绝。中国的丝和丝织品，经过西域运到西亚，再转运到欧洲，后来人们把这条路线称作"丝绸之路"。

高僧游历印度

▲法显

公元初年，第一批佛教的传教者沿着张骞开拓的道路来到中国，这些传教者已在中亚和东亚各民族中把这个新教传播开了，此后不久，中国的朝圣香客们也沿着这条已被开拓出来的道路前往印度，中国的佛教高僧法显是最著名的西行者。他穿过中亚地区来到印度的西北部，并在印度逗留多年，收集了佛教的许多经典和著作手稿后，沿海路回国。法显著有《佛国记》，这部著作一直流传至今，被译成多种文字，并附有大量注释。他在这部著作里除了对佛教寺院和经典书籍进行了详尽的记述外，还对游历过的国家和当地居民的生活习俗作了简要的描写。

自小出家

法显，东晋司州平阳郡武阳（今山西临汾地区）人，他是中国佛教史上的一位名僧，一位卓越的佛教革新人物，是中国第一位到海外取经求法的大师，杰出的旅行家和翻译家。法显本姓龚，他有3个哥哥，都在童年夭亡，他的父母担心他也夭折，在他才3岁的时候，就送他到佛寺当了小和尚。

10岁时，父亲去世。他的叔父考虑到他的母亲寡居难以生活，便要他还俗。法显这时对佛教的信仰已非常虔诚，他对叔父说："我本来不是因为有父亲而出家的，正是要远尘离俗

《佛国记》

法显把西行求法的经历，写成《佛国记》（又称《法显传》）一书，记载求法经验、见闻及游历各国的风土民情、佛教状况等，提供后人西行求法的指南。这本书是我国僧侣旅游印度传记中现存最古的典籍。书中内容保存有关西域诸国的古代史地资料，是研究西域及南亚地区的古代历史、文化的重要历史文献。至今，《佛国记》仍是世人公认的不朽之作，近代有英、法、德等译本，备受各国历史学者和考古学者的重视。法显在佛教史上，不仅为佛教的高僧，在我国留学史上也是空前的第一人，他对民族文化的贡献与影响，可说是彪炳史册。

才入了道。"他的叔父也没有勉强他。不久，他的母亲也去世了，他回去办理完丧事随即还寺。20岁时，法显受了大戒。从此，他对佛教信仰之心更加坚贞，行为更加严谨。

399年，在佛教界度过了62个春秋的法显深切地感到，佛经的翻译赶不上佛教大发展的需要。特别是由于戒律经典缺乏，使广大佛教徒无法可循，以致上层僧侣穷奢极欲，无恶不作。为了维护佛教"真理"，矫正时弊，年近古稀的法显毅然决定西赴天竺（古代印度），寻求戒律。

西域行程

这年春天，法显带着4人，从长安起身，向西进发，开始了漫长而艰苦卓绝的旅行。次年，他们到了张掖（今甘肃张掖），遇到了5个僧人，组成了10个人的"巡礼团"，后来，又增加了一个，总共11个人。

"巡礼团"西进至敦煌（今甘肃敦煌），得到太守李浩的资助，西出阳关渡"沙河"（即白龙堆大沙漠）。法显等5人随使者先行，其余6人在后。白龙堆沙漠气候非常干燥，时有热风流沙，旅行者到此，往往被流沙埋没而丧命。他们冒着生命危险勇往直前，走了17个昼夜，1500里路程，终于渡过了"沙河"。

接着，他们又经过鄯善国（今新疆若羌）到了焉耆。他们在焉耆住了

▲公元初年，第一批佛教的传教者沿着张骞开拓的道路来到中国，这些传教者已在中亚和东亚各民族中把这个新教传播开了，此后不久，中国的朝圣香客们也沿着这条已被开拓出来的道路前往印度，中国的佛教高僧法显是最著名的西行者

两个多月，其余6人也赶到了。当时，由于焉耆信奉的是小乘教，法显一行属于大乘教，所以他们在焉耆受到了冷遇，连食宿都无着落。不得已，其中4人离开了。

法显等7人得到了前秦皇族苻公孙的资助，又开始向西南进发，穿越塔克拉玛干沙漠（塔克拉玛干，在维吾尔语中是"进去出不来"的意思），这里异常干旱，昼夜温差极大，气候变化无常。行人至此，艰辛无比。法显一行走了1个月零5天，总算平安地走出了这个"进去出不来"的大沙漠，到达了于阗国（今新疆和田）。于阗是当时西域佛

▲楼兰遗址，法显西行求法曾经过楼兰古国

◀米兰城在汉代时曾是西域古国鄯善国的国都伊循城。鄯善国就是原来的楼兰国。据史书记载，我国古代的著名高僧法显等，在西去天竺或东归故里的途中曾在米兰城讲法拜佛

教的一大中心，他们在这里观看了佛教"行像"仪式，住了 3 个月。

接着继续前进，法显等人走了 25 日，便到其子合国（于今新疆叶城县）。在子合国居留 15 日后，继续南行 4 日，进入葱岭山，在于麾国（于麾国可能在今叶尔羌河中上游一带）安居。安居后，又继续走了 25 日，到竭义国（竭义国在何处，存在争议）。这里有竹子和甘蔗。法显等人从此西行向北天竺。

天竺活动

到了北天竺，法显第一个到的国家是陀历（相当于今克什米尔西北部的达丽尔）。402 年，法显到了乌苌国（故址在今巴基斯坦北部斯瓦脱河流域）。这里的和尚信奉小乘，有佛的足迹。法显在这里夏坐。

夏坐后，继续南下，先后到了宿呵多国（相当于今斯瓦脱河两岸地区）、犍陀卫国（其故地在今斯瓦脱河注入喀布尔河附近地带）、竺刹尸罗国（相当于今巴基斯坦北部拉瓦尔品第西北的沙汉台里地区）、弗楼沙国（故址在今巴基斯坦之白沙瓦）、那竭国界醯罗城（今贾拉拉巴德城南之醯达村）、那揭国城（故址在今贾拉拉巴德城西）。

403 年，法显继续南下，到跋那国（今巴基斯坦北部之邦努），从此东行，到了毗荼（今旁遮普）。从此东南行，经过了很多寺院，进入了中天竺。先到摩头罗国（即今印度北方邦之马土腊），然后到了僧伽拖国（今北方邦西部）。

404 年，法显来到了佛教的发祥地——拘萨罗国舍卫城（今北方邦北部腊普提河南岸之沙海脱—马海脱）的祇洹精舍。传说释迦牟尼生前在这里居住和说法时间最长，这里的僧人对法显不远万里来此求法，深表钦佩。这一年，法显还参访了释迦牟尼的诞生地——

迦维罗卫城。

405 年，法显走到了佛教极其兴盛的达摩竭提国巴连弗邑。他在这里学习梵书梵语，抄写经律，收集了佛教经典，一共住了 3 年。随同法显的一个僧人在巴连弗邑十分仰慕人家有沙门法则和众僧威仪，追叹故乡僧律残缺，发誓留住这里不回国了。而法显一心想着将戒律传回祖国，便一个人继续旅行。他周游了南天竺和东天竺，又在恒河三角洲的多摩梨帝国（印度泰姆鲁克）写经画（佛）像，住了两年。

409 年，法显离开多摩梨，搭乘商船，纵渡孟加拉湾，去到了狮子国（今斯里兰卡）。他在狮子国住在王城的无畏山精舍，求得了 4 部经典。至此，法显身入异城已经 12 年了。他经常思念遥远的祖国，又想着一开始的"巡礼团"，或留或亡，今日顾影唯己，心里无限悲伤。有一次，他在无畏山精舍看到商人以一个中国的白绢团扇供佛，触物伤情，不觉凄然下泪。

▲法显在著述

▲《佛国记》中关于法显回到中国的记载

随船归国

411 年 8 月，法显完成了取经求法的任务，坐上商人的大船，循海东归。船行不久，即遇暴风，船破水入。幸遇一岛，补好漏处又前行。就这样，在危难中漂流了 100 多天，到达了耶婆提国（今印度尼西亚的苏门答腊岛，一说爪哇岛）。法显在这里住了 5 个月，又转乘另一条商船向广州进发。不料行程中又遇大风，船失方向，随风飘流。

正在船上粮水将尽之时，忽然到了岸边。法显上岸询问猎人，方知这里是青州长广郡（山东即墨）的崂山。青州长广郡太守李嶷听到法显从海外取经归来的消息，立即亲自赶到海边迎接。时为 412 年 7 月 14 日。

法显 65 岁出游，前后共走了 30 余国，历经 13 年，回到祖国时已经 78 岁了。在这 13 年中，法显跋山涉水，经历了人们难以想象的艰辛。正如他后来所说的："顾寻所经，不觉心动汗流！"

法显在山东半岛登陆后，旋即经彭城、京口（江苏镇江），到了建康（今南京）。他在建康道场寺住了 5 年后，又来到荆州（湖北江陵）辛寺。420 年，终老于此，卒时 86 岁。他在临终前的 7 年多时间里，一直紧张艰苦地进行着翻译经典的工作，共译出了经典 6 部 63 卷。他翻译的《摩诃僧祇律》，也叫大众律，为五大佛教戒律之一，对后来的中国佛教界产生了深远的影响。在抓紧译经的同时，法显还将自己西行取经的见闻写成了一部不朽的世界名著——《佛国记》。该书在世界学术史上占据着重要的地位。它不仅是一部传记文学的杰作，而且是一部重要的历史文献，是研究当时西域和印度历史的极重要的史料。

法显以年过花甲的高龄，完成了穿行亚洲大陆又经南洋海路归国的大旅行的惊人壮举。留下的杰作《佛国记》，不仅在佛教界受到称誉，而且也得到了中外学者的高度评价。

玄奘西域历险之旅

玄奘为了西行求法，"冒越宪章，私往天竺"，始自长安神邑，终于王舍新城，长途跋涉十余万里。玄奘依据他在旅行过程中所收集的资料，撰写了《大唐西域记》一书。这本书历经10多个世纪，广为流传。

▲玄奘

偷渡过境

玄奘，俗姓陈，本名祎，出生于河南洛阳洛州缑氏县（今河南省偃师市南境），幼年时就聪慧好学，而且家学渊源，少年出家后更是勤奋用功，13岁就能登座于大众前覆讲经论。在博览各家宗论典籍时，发现各宗所说，彼此不一，于是与兄长长捷法师参访四方宿德耆老，想要解开心中的疑惑；但是，终究未能于论辩当中释疑。于是，玄奘发愿西行天竺（今印度），以求法取经："唯有将原典精确地译出，以释众疑，佛法才能继续在东土弘传，利益世人！"

公元627年，玄奘结侣陈表，请允西行求法。但未获唐太宗批准。然而玄奘决心已定，乃"冒越宪章，私往天竺"。公元629年，玄奘从长安出发，到了凉州（今甘肃武威）。当时，朝廷禁止唐人出境，他在凉州被边境兵士发现，叫他回长安去。他逃过边防关卡，向西来到玉门关附近的瓜州（今甘肃安西）。

玄奘在瓜州，打听到玉门关外有五座堡垒，每座堡垒之间相隔100里，中间没有水草，只有堡垒旁有水源，并且由兵士守守。这时候，凉州的官员已经发现他偷越边防，发出公文到瓜州通缉他。如果经过堡垒，一定会被兵士捉住。

玄奘正在束手无策的时候，碰到了当地一个胡族人，名叫石盘陀，愿意替他带路。玄奘喜出望外，变卖了衣服，换了两匹马，连夜跟石盘陀一起出发，好不容易混出了玉门关。他们在草丛里睡了一觉，准备继续西进。谁知石盘陀走了一程，就不想再走了，甚至想谋杀玄奘。玄奘发现他不怀好意，把他打发走了。

打那以后，玄奘单人匹马在关外的沙漠地带摸索前进。约摸走了80里，才到了第一堡边。他怕被守兵发现，白天躲在沙沟里，等天黑了才走近堡垒前的水源。他正想用皮袋盛水，忽然被守关将士一箭射中，当场被擒。

守关将士把玄奘带进堡垒，幸好守堡的

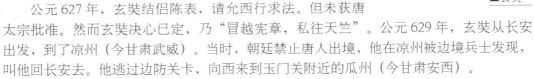

龟兹辩经

玄奘在西行的路上，路过龟兹，被当地盛情招待，事后玄奘去拜见当地地位最高的法师——木叉鞠多。由于木叉鞠多有点看不起玄奘，所以处处轻蔑，还说玄奘的西行取经是多此一举，于是在木叉鞠多的庙——神奇庙（当地语言的汉语意思）里举行了一次辩经，由于木叉鞠多处处狂妄自大，最后惨败给玄奘。经过这件事后，木叉鞠多再见到玄奘不敢再坐着，都是站着和玄奘说话，以表示尊重。

校尉王祥也是信佛教的，问清楚玄奘的来历后，不但不为难他，还派人帮他盛水，还送了一些饼，亲自把他送到十几里外，指引他一条通向第四堡的小道。

　　第四堡的校尉是王祥的同族兄弟，听说玄奘是王祥那里来的，也很热情地接待他，并且告诉他，第五堡的守兵十分凶暴，叫他绕过第五堡，到野马泉去取水，再往西走，就是一片长800里的大沙漠了。

▲公元前6世纪，佛教在印度兴起，中国的佛教徒千里迢迢去印度膜拜

抵达高昌

　　玄奘离开第四堡，进入莫贺延碛大沙漠不久就迷路了，他找不到野马泉的方向。在沙漠中迷路已经是非常危险的事情，而玄奘恰恰在饮水时又失手打翻了水囊，在这样走投无路的情况下，他仍然毫不动摇地继续西行。几天几夜之后，滴水未进的玄奘再也走不动了，他昏倒在沙漠上，等待着死亡的来临。

　　到了第五天半夜，天边起了凉风，把玄奘吹得清醒过来。他站起来，牵着马又走了十几里，发现了一片草地和一个池塘。有了水草，人和马才摆脱绝境。又走了两天，终于走出大沙漠，经过伊吾（今新疆哈密），到了高昌（在今新疆吐鲁番东）。

　　高昌王麹文泰也是信佛的，听说玄奘是大唐来的高僧，十分敬重，请他讲经，还恳切要他在高昌留下来。玄奘坚持不肯。麹文泰没法挽留，就给玄奘准备好行装，派了25人，随带30匹马护送；还写信给沿路24国的国王，请他们保护玄奘过境。

走进印度

　　玄奘带领人马，越过雪山冰河，冲过暴风雪崩，经历了千辛万苦，到达碎叶城（在今吉尔吉斯北部托克马克附近），受到西突厥可汗的接待。打那以后，一路顺利，通过西域各国进了天竺。

▼敦煌壁画，玄奘取经图

　　玄奘的西行冒险之旅10多年，他在中亚地区几乎重复了张骞所行的路线，他在阿姆河以南（从巴尔赫城开始）翻过了兴都库什山脉，沿着喀布尔河谷通过铁门进入印度，然后向东行进，穿过了旁遮普，此后他游历了北印度所有的国家，甚至到达孟加拉地区。他游历了印度斯坦半岛的一系列沿海地区（除去最南部地区）之后开始返回。返回时他沿着印度河中下游地区到达旁遮普，然后再次来到阿姆河，并从那里回到长安。

郑和的前三次远航

▶ 郑和

600多年前，郑和7次率船浩浩荡荡驶入大海，历时28年，开创了中国历史上最大规模的海上探索与交流之先河。郑和船队的航海技术在当时已相当先进，使用了罗盘、测深器、牵星板等。船队远航到过东南亚诸岛、印度洋、波斯湾、红海，其中第5次和第6次航行最远，横渡印度洋，到达赤道以南的非洲东海岸，历经当时亚非30余国。

郑和其人

郑和，原姓马，名和，字三宝，出生在云南省昆阳州（今晋宁县宝山乡和代村）一个世代信奉伊斯兰教的回族家庭。郑和的父亲和他的爷爷曾到伊斯兰教的圣地麦加朝拜，郑和母亲姓温，非常贤良，有一个哥哥，两个姐姐，哥哥叫马文铭，郑家在当地很受人们的尊敬。

1381年朱元璋为了消灭盘踞云南的元朝残余势力，派手下大将傅友德、蓝玉等率30万大军，发起统一云南的战争。在战乱中，年仅11岁的郑和被明军俘虏阉割，在军中做秀童。云南平定之后，1385年，又随军调往北方，先后转战于蒙古沙漠和辽东等地。19岁时，被挑选送到北京的燕王府服役，从此追随在雄心勃勃的燕王朱棣身边，逐渐得到朱棣的信任。尤其是1399—1402年，朱棣为和他的侄子建文帝争夺皇位，进行了"靖难之役"。郑和帮助朱棣登上皇位，立下功劳，被提升为内官监太监。1404年，朱棣为表彰郑和的功绩，亲笔赐姓"郑"，从此更名郑和，史称"三宝太监"。

在郑和下西洋所处的15世纪，世界大格局的基本特征依然是东方遥遥领先于西方，中国居于世界舞台的中心。明朝永乐时期，国家强盛统一，政治较为清明。政府致力于恢复和发展中国与海外诸国的友好关系，开展大规模的外交和外贸活动。当时印度洋沿岸国家大都信仰伊斯兰教，南亚许多国家则信仰佛教，由于郑和信奉伊斯兰教，懂航海，又担任内官大太监，因此，明成祖选拔他担任正使，率船队出海。

郑和前三次远航的主要任务是在东南亚和南亚建立国际间和平安宁的局面，并为下一步向南亚以西更远的地方航行，建立中途候风转航的据点。而后四次的主要任务是向南亚以西继续航行，开辟新航路，对外互通有无，并使自古很少与中国往来的海外国家得以与中国开展正常往来。

▶郑和像，《三宝太监西洋记通俗演义》第二十一回插图

第一次下西洋

▲郑和的船队出发

1405 年 7 月 11 日，明成祖派郑和及副使王景弘等出使西洋（指今文莱以西的南洋各地和印度洋沿岸一带），率水手、官兵、翻译、采办、工匠、医生等 27800 余人，乘长 44 丈，宽 18 丈大船（宝船）62 艘，还有很多附带船只，编着严整有序的队形，踏着万顷碧波，乘风破浪，浩浩荡荡出洋了。如此巨大的船只，如此庞大的船队，航行于浩淼无垠的海洋之中，这在中国的历史上以及世界的历史上都是首屈一指的。宝船船队满载丝绸、瓷器、金银、铜铁、布匹等物自刘家港（今江苏太仓浏河镇）出发。

10 天后，船队到达了此次航行第一站：越南归仁，在此作短暂停留之后，船队向爪哇国南下，沿着印度半岛海岸，穿过文莱西侧，顺风行驶 20 昼夜，抵达了被誉为"东洋诸国之雄"的爪哇。当时，这个国家的东王、西王正在打内战。东王战败，其属地被西王的军队占领。郑和船队的人员上岸到集市上做生意，被占领军误认为是来援助东王的，被西王误杀 170 多人。郑和部下的军官纷纷请战，说将士的血不能白流，急于向西王进行宣战，给以报复。

"爪哇事件"发生后，西王十分惧怕，派使者谢罪，要赔偿 6 万两黄金以赎罪。郑和第一次下西洋就出师不利，而且又无辜损失了 170 多名将士，按常情必然会引发一场大规模战斗。然而，郑和得知这是一场误杀，又鉴于西王诚惶诚恐，请罪受罚，于是禀明皇朝，化干戈为玉帛，和平处理这一事件。明王朝决定放弃对西王的赔偿要求，西王知道这件事后，十分感动，两国从此和睦相处。

"爪哇事件"后，郑和指挥船队取道邦加海峡，访问了苏门答腊巨港、满刺加苏门答腊，斯里兰卡、印度柯钦，最后到达当

郑和下西洋的任务

郑和率领的庞大船队，就其活动的性质来说，既不是一般的商船队，也不是一般的外交使团，而是由封建统治者组织的兼有外交和贸易双重任务的船队。他出使的任务之一，就是招徕各国称臣纳贡，与这些国家建立起上邦大国与藩属之国的关系。第二件事便是赠送礼物，赐各国国王诰命银印，赐国王及各级官员冠服和其他礼物，表示愿意和那些国家建立和发展友好的关系；第三件事是进行贸易活动，以中国的手工业品换取各国的土特产品，使各国为中国的精美、完好的手工业品所吸引，从而愿意来中国称臣纳贡，进行贸易活动；第四件事是与南海（今马六甲海峡）国家建立友好关系。

时中东贸易中心地古里（今印度科泽科德），完成了第一次航行的使命。

随后船队返航，这次返航一点也不平静，与海盗发生了冲突。此次冲突发生在郑和船队结束远航返回中国的途中，地点在现在的马六甲海峡。按《明史录》的说法，战争爆发的原因是郑和舰队满载的宝物让陈祖义眼睛红了。之所以陈祖义竟然敢对郑和舰队动心

▲郑和航海地图

思，是因为当时的陈祖义并非流窜海上的小股匪盗，他甚至早已控制了苏门答腊重要港口城市巨港作为基地。

面对郑和船队的优势武力，陈祖义突然声称愿意投降归顺，但郑和得到线报说那是陈的一个圈套。于是，郑和将计就计，在将陈祖义的舰队诱入埋伏圈内后，突然施用各种火器密集发起攻击，陈祖义的舰船被焚毁 10 艘，被俘获 7 艘，而郑和船队几无损失。但陈本人侥幸率残部逃脱，数月后，郑和的海军还是设法将陈祖义等人俘获，带回南京处决。

1407 年 10 月 2 日郑和回到南京。苏门答腊、古里（卡利卡特）、满剌加（今马来西亚马六甲）、小葛兰（今印度奎隆）、阿鲁（今苏门答腊岛中西部）等国国王遣使随船队来中国"朝贡方物"。

▼郑和航海图

第二次下西洋

郑和回国后，立即进行第二次远航准备，几个月后，船队二次出海，目的是送外国使节回国。第二次远航，郑和并没有随队出航，而是留在航海者的守护神"天妃"的出生地福建莆田湄州整修天妃宫。接替郑和指挥舰队的是太监王景弘、侯显。由于航线中的海盗已被剿灭，已无海盗攻击之虞，故此次出航的船只仅有 68 艘。这次航行显得风平浪静，明朝海军并没有大规模武装行动。

第二次航行路线同第一次差不多，也历时两年，有关这一次的记载不很详细，从郑和亲笔的"东刘家港天妃

宫石刻通番事迹记"中，我们可以续引一个大概："永乐五年(1407年)，统领舟师，往爪哇，古里，柯枝，暹罗等国，其国王各以方物珍禽异兽贡献，至七年回归。"其中新访问的国家暹罗，大约相当于今天之泰国。郑和船队于1409年回国。

第三次下西洋

1409年秋天，为了执行前往印度洋的第三次远航，宝船船队再度集结在长江口的刘家港。这次，郑和亲自统领48艘船和3万人。太监王景弘、侯显是他主要的副手。船队在福建沿海的太平港做了短暂的停留，接着在航行10日之后，到达越南中南部的占城。在顺风的情况下，航行8日之后，到了新加坡。再沿着马来半岛上航2日，到达马六甲。

郑和到达马六甲国后，宣读中国皇帝诏敕，赐其国王双台银印、冠带袍服。由于马六甲地处南洋与印度洋要冲，中马两国关系又如此亲密，而郑和一行须遍访诸国，势须分宗前往，为此就须建立一个中转之基地。为此，郑和一行在马六甲建立官仓。此地对下西洋之贸易番货、待时回航等各方面都起了重要作用。

郑和船队从马六甲开航，经勿拉湾、苏门答腊到斯里兰卡。斯里兰卡国王阿烈苦奈儿"负固不恭""又不辑睦邻国，屡邀劫其往来使臣，诸番皆苦之"。斯里兰卡一带是郑和航海西域远国的要道，地理位置十分重要，所以郑和第一次下西洋，即曾试图以和平方式解决斯里兰卡问题。郑和第二次出使，还是未能解决斯里兰卡问题，但觉得这个问题不解决，是难以打通往远方"西南夷"的海路的。郑和回国后向明成祖汇报了这一情况，在明成祖的支持下，郑和旋即受命再往斯里兰卡。在明成祖朱棣发布郑和第三次出使西洋的命令的同时，授给郑和敕谕海外诸国的诏书，其中特别强调了"尔等祗顺天道，恪守朕言，循理安分，勿得违越；不可欺寡，不可凌弱"。

郑和直言相陈，再次要求阿烈苦奈儿改邪归正，而"王益慢不恭"，不仅不接受明朝政府的宣谕，反而"令其子纳言，索金银宝物"，为郑和所拒绝，于是郑和与斯里兰卡打了一仗，俘虏了斯里兰卡国王阿烈苦奈儿和其家属。这次军事自卫行动，对于那些恃强凌弱的国家，起了极大的震慑作用。

在斯里兰卡，郑和又另派出一支船队到印度半岛南端东岸阿默达巴德和科摩林角。郑和亲率船队去奎隆、科钦，最后抵古里（卡利卡特），于1411年7月6日回国。

▼宝船复原图

郑和的后四次远航

前三次航海，郑和船队最远到达印度西岸的古里，主要访问的是印度洋以东的国家，从第四次远航开始，明成祖朱棣敕令，要进一步向西。将东非沿海列入了航程之内，进一步扩大同海外各国的交往与贸易。

第四次下西洋

1412 年 11 月，明成祖下达第四次航海命令。船队首先到达越南中南部的占城，后率大船队驶往爪哇、巨港、马六甲、勿拉湾、苏门答腊。从这里郑和又派分船队到马尔代夫。而大船队从苏门答腊驶向斯里兰卡。在斯里兰卡郑和再次派分船队到印度南

▲郑和雕塑

端的加异勒，而大船队驶向卡利卡特，再由卡利卡特直航伊朗霍尔木兹海峡格什姆岛。这里是东西方之间进行商业往来的重要都会。

然后，郑和又到非洲东岸的麻林国（今肯尼亚马林迪），因郑和使团的来访，麻林国遣使来中国贡献"麒麟"（长颈鹿），当时被认为是体现了明初对外方针已初步实现的重大事件。麻林国遣使来中国贡献"麒麟"，是郑和第四次所取得的一个重大成就，显示出郑和使团首次对东非沿岸国家所进行的访问取得了圆满的成功。

郑和船队由此启航回国，途经马尔代夫国。后来郑和船队把马尔代夫国作为横渡印度洋前往东非的中途停靠点。郑和船队于 1415 年 8 月 12 日回国。这次航行郑和船队跨越印度洋到达了波斯湾。

▼郑和纪念馆壁画

第五次下西洋

1416 年 12 月 28 日，朝廷命郑和送 19 国使臣回国。郑和船队于 1417 年冬远航。

船队首先到达占城，然后到爪哇、马来西亚南岸、巨港、马六甲、苏门答腊、南巫里、斯里兰卡、沙里湾尼（今印度半岛南端东海岸）、科钦、卡利卡特。

船队到达斯里兰卡时，郑和派一支船队驶向马尔代夫，然后由马尔代夫西行到达非洲东海岸的木骨都束（今索马里摩加迪沙）、不刺哇（今索马里境内）、麻林（今肯尼亚马林迪）。

大船队到卡利卡特后又分成两支，一支船队驶向阿拉伯半岛的祖法儿（今阿曼佐法儿）、阿丹（今也门共和国亚丁）和刺撒（今也门共

和国境内），一支船队直达伊朗霍尔木兹海峡格什姆岛。1419 年 8 月 8 日，郑和船队回国。

第六次下西洋

1421 年 3 月 3 日，明成祖命令郑和送 16 国使臣回国。为赶东北季风，郑和率船队很快出发。

此次远航到达国家及地区有占城、泰国、伊朗霍尔木兹海峡格什姆岛、亚丁、佐法儿、刺撒（红海东岸）、不刺

▲印尼爪哇三宝垄三宝庙郑和下西洋大型浮雕

哇、木骨都束、竹步（今索马里朱巴河）、麻林、卡利卡特、科钦、加异勒、斯里兰卡、马尔代夫、南巫里、苏门答腊、勿拉湾、马六甲、甘巴里、幔八萨（今肯尼亚的蒙巴萨）。1422 年 9 月 3 日，郑和船队回国，随船来访的有泰国、苏门答腊和阿丹等国使节。

第七次下西洋

1424 年，成祖死，仁宗即位，废止一系列对外政策，郑和航海事业告以中断。1425 年宣宗朱瞻基即位。宣德皇帝是他父亲与他祖父的结合体。有人说，他在朱棣的盲目扩张政策与朱高炽的呆板儒家思维之间取得了平衡，是明朝的黄金时刻，一个太平、繁荣、政治清明的时代。宣德皇帝在位时期，也出现了宝船船队最后一次灿烂远征。

在 1430 年，朱瞻基为中国朝贡贸易的明显衰落而感到忧心，因此，他公开誓言要重振明朝在海外的声威，再次缔造"万国来朝"的盛况。

朝廷为了准备这次的远航，花了比平常还要长的时间，因为距上一次宝船船队的远航，已经 6 年多了。这也将是明朝最大的一次远征，使用船只超过 300 艘，成员有 27500 人。

当时郑和年已 60，似乎预料到这将是他最后一次的远航。他曾竖立两块石碑，以记录他先前完成的几次远航。名义上，这些石碑是为了答谢航海人的女神天妃于前几次远航给予庇佑。然而，郑和在石碑上刻意详细地记述他每一次远航的成就，无疑是要大家记得这些事。

1431 年 1 月，船队从南京下关启航，2 月 3 日集结于刘家港。这次远航经占城、爪哇、苏门答腊、卡利卡特、竹步，再向南到达非洲南端接近莫桑比克海峡，然后返航。

当船队航行到卡利卡特附近时，郑和因劳累过度一病不起，于 1433 年 4 月初在印度西海岸卡利卡特逝世。

郑和船队由正使太监王景弘率领返航，经苏门答腊、马六甲等地，回到太仓刘家港。1433 年 7 月 22 日，郑和船队到达南京。

郑和宝船

据《明史》记载，郑和航海宝船共 63 艘，最大的长 44 丈 4 尺，宽 18 丈，是当时世界上最大的海船，折合现今长度为 151.18 米，宽 61.6 米。船有 4 层，船上 9 桅可挂 12 张帆，锚重有几千斤，要动用 200 人才能启航，一艘船可容纳有千人。《明史·兵志》又记："宝船高大如楼，底尖上阔，可容千人。"

到喜马拉雅山的欧洲探险家

西藏位于中国西南边疆，有"世界屋脊"之称。蜿蜒于西藏高原南部的喜马拉雅山，由一系列东西走向的山脉组成，其主脊山峰在中国与印度、尼泊尔交界线上，这里雪峰林立，世界第一高峰——珠穆朗玛峰，耸立在喜马拉雅山中段，雄踞地球之巅。许多地理学家和探险家把喜马拉雅山和南极、北极相提并论，称之为地球"第三极"。长久以来，在人们心目中，这块地球表面上海拔最高、离天最近的雪域，不但是最迷人的处女地和梦寐以求的探险乐园，而且也是世界上最富于浪漫幻象和神秘色彩的净土。几个世纪以来，多少探险家、登山者、传教士和科学家，不惜任何代价，竞相进入这片神秘之地。

深入西藏的第一个欧洲探险家

从明朝末年开始，西方就有传教士在西藏地区活动。他们收集西藏的自然地理和社会情况，并把这些情报资料送回西方国家。其中耶稣传教士葡萄牙人安东·安德拉迪无疑是深入西藏地区的第一个欧洲探险家。

1624年，安东·安德拉迪从德里出发行至恒河上游，并探察了阿拉克南达河的整个流域。这条河发源于喜马拉雅山，恒河的上游与阿拉克南达河汇合，形成了波澜壮阔的恒河。此后，安德拉迪越过了喜马拉雅山的中段和西段，进入西藏的西南地区，一直走到位于萨特累季河上游的一个名叫察帕朗克的村庄。经西藏地方政府的许可，他在察帕朗克村庄建立了一个耶稣会传教区，这里成了进行探险的基地，通过传教士的活动，安德拉迪收集了大量有关西藏西南地区和喜马拉雅山的地理资料。

茶马古道

在横断山脉的高山峡谷，在滇、川、藏"大三角"地带的丛林草莽之中，绵延盘旋着一条神秘的古道，这就是世界上地势最高的文明文化传播古道之一的茶马古道。茶马古道源于古代西南边疆的茶马互市，兴于唐宋，盛于明清，二战中后期最为兴盛。茶马古道分川藏、滇藏两路，连接川滇藏，延伸到不丹、锡金、尼泊尔、印度境内，直到西亚、西非红海海岸。滇藏茶马古道大约形成于公元6世纪后期，它南起云南茶叶主产区思茅、普洱，中间经过今天的大理白族自治州和丽江地区、香格里拉进入西藏，直达拉萨。有的还从西藏转口印度、尼泊尔，是古代中国与南亚地区一条重要的贸易通道。普洱是茶马古道上独具优势的货物产地和中转集散地，有着悠久的历史。

▼西方传教士利玛窦

▲西藏布达拉官

其他传教士在西藏和喜马拉雅山的探险

在同一个时期，另一个天主教使团越过了东喜马拉雅山，深入西藏的南部地区，行进到了雅鲁藏布江。1626年，这个使团的两个传教士在返回途中又在不同的地区翻越了东喜马拉雅山。其中一个名叫乔治·卡布拉尔的传教士穿过不丹的领土进入印度，到达雅鲁藏布江的下游地区；另一个名叫伊斯捷旺·卡泽拉的传教士穿过了尼泊尔国界。这两个传教士收集了喜马拉雅山周围地区的许多珍贵地理资料，并写成了书面报告。

1631年，安德拉迪派弗朗西斯科·阿塞维多传教士从察帕朗克启程沿着一条新路线前往印度。阿塞维多从萨特累季河的上游走到印度河的上游地区，再沿着印度河的河谷向下游行进，到达克什米尔。从克什米尔出发，越过喜马拉雅山的西段，再沿着当地商人常来常往的商道进入印度。这样一来，不到几年时间，天主教的传教士们探察和认识了印度河和雅鲁藏布江的整个上游地区以及西藏南部的边缘地带，不仅如此，他们还穿过了尼泊尔和不丹的广大地区，并从西部、中部和东部翻越了喜马拉雅山。

▼喜马拉雅山卫星照片

沙俄在西伯利亚的征服探险

▲从16世纪中叶沙皇伊凡四世执政，俄国才开始向东方征服，逐步吞并了西伯利亚与远东的大片领土

在16世纪末以前，西伯利亚与远东地区，还不是俄国的领土。这一时期，俄罗斯是刚刚形成统一的中央集权国家，地处东北欧一角，与西伯利亚相距遥远。从16世纪中叶沙皇伊凡四世执政，俄国才开始向东方征服，逐步吞并了西伯利亚与远东的大片领土，将疆域扩展到太平洋岸边。

叶尔马克越过乌拉尔山脉

在沙俄向东方征服的过程中，首先遇到的障碍是与俄国毗邻的乌拉尔山脉另一边的西伯利亚汗国，他们不断地袭击骚扰沙俄。不过，当时的沙俄能轻易地消灭西伯利亚汗国，并在这样做时，不知不觉地开始向太平洋岸进行史诗般的进军。

翻越乌拉尔山脉和征服西伯利亚的主要是豪爽能干、称为哥萨克人的边疆开发者。这些人有许多方面与美国西部的边疆开发者相似。他们大多是为了躲避农奴制的束缚而逃离俄国或波兰的从前的农民。他们的避难所是南面荒芜的草原区，他们在那里成为猎人、渔夫和畜牧者。正如美国的边疆开发者变为半印第安人一样，他们变为半鞑靼人。他们热爱自由、崇尚平等，然而，横蛮任性、喜欢抢劫；只要似乎有利可图，他们随时乐意去当土匪和强盗。

在西伯利亚探险征服过程中有一个重要人物叫叶尔马克·齐莫非叶维奇，他是一个顿河哥萨克和一个丹麦女奴的儿子，生着蓝眼睛和红胡子。他24岁时，因盗马被判处死刑，所以逃到伏尔加河，成为河上一伙强盗的首领。他不加区别地劫掠俄国船只和波斯商队，直到政府军队前来围剿。他率领手下那伙人溯伏尔加河逃到上游的支流卡马河。在卡马河流域，有个叫格里戈里·斯特罗加诺夫的富商得到当地大片土地的特许权，斯特罗加诺夫努力开拓自己的领地，可是，

▶哥萨克人，哥萨克最初聚居在顿河沿岸和第聂伯河下游。随着俄国疆土的扩展，哥萨克相继出现在乌拉尔、伏尔加河下游、中亚细亚、高加索、西伯利亚等地。他们以勇猛善战著称，是沙俄兵力的重要来源，18世纪成为特殊军人阶层

来自乌拉尔山脉另一边的游牧民的袭击使他一再受挫。组织这些袭击的是西伯利亚鞑靼人的穆斯林军事首领、双目失明的古楚汗。面临这种困境，斯特罗加诺夫对叶尔马克及其手下人很是欢迎，雇佣他们来保卫领地。

▲ 1581 年 9 月 1 日，叶尔马克率 840 人出发，深入古楚汗的本土向他发动进攻。叶尔马克充分配备了使土著感到恐怖的火枪和火炮

强盗叶尔马克这时表明他具有一个庞大帝国缔造者的品质，他凭着征服者的大胆，决定最好的防御是进攻。1581 年 9 月 1 日，他率 840 人出发，深入古楚汗的本土向他发动进攻。叶尔马克充分配备了使土著感到恐怖的火枪和火炮。

古楚汗虽然已得到入侵者情报，但为了挽救其首都锡比尔，仍拼命作战。他聚集起 30 倍于叶尔马克军的兵力，派其儿子马梅特库尔指挥防御。鞑靼人躲在砍倒的树木后面顽强地战斗，用阵雨般的箭抵挡向前推进的俄罗斯人，似乎逐渐占上风。然而，在一个紧要关头，马梅特库尔负伤，鞑靼军处于无首领的境地。双目失明的古楚汗绝望地南逃，叶尔马克占据了他的首都，俄罗斯人遂将这都城的名字称为"西伯利亚"。

叶尔马克把远征的结果报告斯特罗加诺夫，并直接给沙皇伊凡雷帝写信，请求宽恕他过去的罪行。沙皇得知叶尔马克的成就，非常高兴，取消了对他及其手下人的所有判决，而且还示以特殊恩惠，赐予他一张取自自己肩上的昂贵毛皮、两套装饰华丽的盔甲、一只高脚杯和大量金钱作为礼物。

叶尔马克这时显示了一位帝国缔造者的远见，试图与中亚建立商业关系。他派出的使团最远到达古老的布哈拉城。但是，叶尔马克注定不能活着完成其野心勃勃的计划。南方的老古楚汗一直在煽动凶猛的游牧民反对俄罗斯人。1584 年 8 月 6 日夜间，他的一支突击部队趁叶尔马克及其同伴在额尔齐斯河岸睡觉之机，向他们发动进攻。叶尔马克为保住性命拼死作战，并试图游过河去逃走。据传说，因沙皇赐予他的盔甲过重，他淹死了。

鞑靼人尽管取得一时的胜利，却是在打一场不可能取胜的仗。他们的敌人过于强大，他们无法把敌人向后推到乌拉尔山脉以西。古楚汗最后也意识到做进一步抵抗无济于事，于是提出投降。随着他的降服，俄罗斯人挺进西伯利亚的第一阶段结束。通向太平洋岸的路打开了。

征服西伯利亚

西伯利亚的俄罗斯人同美洲的西班牙人一样，以小得惊人的力量在短短几年中赢得一个庞大帝国。事实证明，古楚汗在额尔齐斯河流域的汗国仅仅是一个内部没有坚固实体的薄弱外壳。一旦外壳刺破，俄罗斯人便能行进数千里而遇不到严重对抗。他们的推进速度是令人惊奇的。

《尼布楚条约》

《尼布楚条约》是中俄两国缔结的第一个条约。在挫败沙俄侵略的雅克萨之战后，由清政府全权使臣索额图和沙俄全权使臣戈洛文签订于尼布楚。条约共分6款，其中有关中俄两国东段边界的规定：两国以流入黑龙江之额尔古纳河、格尔必齐河为界，再由格尔必齐河发源处沿外兴安岭直达于海，亦为两国之界。唯乌第河与外兴安岭之间的地方暂行存放待议。条约还就俄国撤出雅克萨、两国互不收纳逋逃、居民不得擅自越界、贸易互市等事宜作了具体规定。《尼布楚条约》明确规定了中俄两国的东段边界，从法律上肯定了黑龙江、乌苏里江流域的广大地区是中国的领土，俄国将其侵占的一部分领土交还中国；与此同时，俄国通过条约将中国让予的贝加尔湖以东尼布楚一举纳入它的版图，将乌第河与外兴安岭之间的地方划为待议地区，并获得重大的通商利益。《尼布楚条约》是双方经过谈判、中国政府作了让步的结果。条约的订立为中俄两国关系的正常化奠定了基础，使中国东北边疆获得了比较长久的安宁。

俄罗斯人推进迅速的原因可用各种因素来说明。正如我们已知道的那样，气候、地形、植被和河流系统均有利于入侵者。各土著民族由于人数少、武器差、缺乏团结和组织而处于不利地位。此外，还应考虑到哥萨克的毅力和勇气。

哥萨克一边推进，一边设防据点或要塞，来保护他们之间的交通。西伯利亚的第一个要塞建在靠近锡比尔、位于托博尔河与额尔齐斯河汇流处的托博尔斯克。俄罗斯人发现这两条河流是鄂毕河的支流后，就划船顺鄂毕河而下，结果，发觉自己把船搬上陆地运一段距离便可进入下一条大水路叶尼塞河。至1610年，他们已大批到达叶尼塞河流域，并建立了克拉斯诺亚尔斯克要塞。在这里，他们遇到自征服古楚汗以来最先极力抵抗他们的一个好战的民族布里亚特人。

俄罗斯人避开布里亚特人，折到东北部，遂发现勒拿河。1632年，他们在那里建立雅库茨克要塞，并与土著、温和的雅库特人进行可牟厚利的贸易。但是，布里亚特人不断进攻他们的交通线，因此，俄罗斯人发起一场野蛮的灭绝性战争。最后，俄罗斯人获胜，并继续推进到贝加尔湖。1651年，他们在那里建立伊尔库茨克要塞。

在此期间，一支支探险队已从雅库茨克朝四面八方进发。1645年，一伙俄罗斯人到达北冰洋岸。两年后，另一批人行抵太平洋岸，建立鄂霍茨克要塞。次年，1648年，哥萨克探险家西米诺·杰日尼奥夫从雅库茨克出发，进行一次非凡的旅行。他顺着勒拿河往下游航行，发现某些河段非常宽阔，令他见不到两岸；后来又发现有如大陆般大小的三角洲填满了一道分水岭的碎石。杰日尼奥夫经过三角洲之后，便沿北冰洋海岸向东航行，直至到达亚洲真正的顶端。然后，他顺一条后来被称为白令海峡的水路而下。在一次风暴中失去两条船后，他驶抵阿纳德尔河，在那里建立阿纳德尔要塞。杰日尼奥夫送了一份有关其旅

▼这是1729年所绘的西伯利亚地图

行的报告给坐镇雅库茨克的总督，总督将报告归档后便遗忘了。这份报告直到白令进行官方的探险之后才被重新找到，白令是于1725年出航去确定美洲与亚洲是否在陆上相连的。而这问题，杰日尼奥夫早77年就出色地解决了。

至此，俄罗斯人未曾遇到任何能阻挡他们的力量。然而，当他们从伊尔库茨克向前推进，抵达黑龙江流域时，他们不仅仅遇着对手，他们碰到了当时正臻于鼎盛的强大的中国的前哨基地。

饥饿驱使俄罗斯人来到黑龙江流域。严寒的北方出产的是毛皮而非粮食，而欧洲俄国的谷仓则好比是在另一行星上。因此，俄罗斯人怀着希望，向南折到黑龙江流域；据土著传说，那里土壤肥沃，长着金黄色的谷物，是一块极好的地方。哥萨克瓦西里·波雅尔科夫接受了从勒拿河到黑龙江开辟一条小道的任务。

波雅尔科夫于1643年6月15日率132人从雅库茨克出发。他溯勒拿河及其支流而上，在一个地方穿过42道急流，失去一条船只。他在途中过冬后，次年又顺黑龙江而下。当波雅尔科夫驶抵松花江时，他派遣人去勘探这条支流。这群人除两人外，全遭伏击而死。主力队伍到达黑龙江口，他们在那里过冬，因天气寒冷和缺乏食物，备尝了可怕的艰辛。转年春天，他们大胆地驾小船驶入公海。他们向北沿着海岸前进，抵达鄂霍次克海，然后经由陆路返回雅库茨克。几乎占原探险队的三分之二的成员在这次旅行中丧生。波雅尔科夫带回480张黑貂皮，还写了份报告；他在报告中宣称对黑龙江的征服是可行的。

一连串冒险家继波雅尔科夫之后进入黑龙江流域。他们攻占阿尔巴津城，修筑一系列要塞，以典型的哥萨克方式屠戮抢掠。他们在中国边缘犯下的这些暴行最终使中国皇帝极其恼怒，他于1658年派一支远征队北上。中国人夺回阿尔巴津，把俄罗斯人从整个黑龙江流域清除出去。但是，远征队一撤离，俄罗斯冒险家就成群结队地回来。于是，又一支中国军队被派到黑龙江，与此同时，两国政府为解决边界问题开始谈判。经过许多争论，《尼布楚条约》签订。随着尼布楚条约的签订，俄罗斯人在亚洲征服才告一段落。

▼雅克萨之战。战后，俄军退出雅克萨，与清政府签订了《尼布楚条约》，从法律上确定了中俄东段边界，自此使我国东北边疆获得比较长久的安宁

第六章

到南极探险

　　南极洲是地球上最遥远最孤独的大陆，它严酷的奇寒和常年不化的冰雪，长期以来拒人类于千里之外。数百年来，为征服南极洲，揭开它的神秘面纱，数以千计的探险家，前仆后继，奔向南极洲，表现出不畏艰险和百折不挠的精神，创造了可歌可泣的业绩。

　　1772—1755 年间，英国库克船长领导的探险队在南极海域进行了多次探险，但并未发现任何陆地。直到 1819 年，英国的威廉·史密斯船长才发现南设得兰群岛。

　　南极洲的探险，在 1820—1830 年趋于白热化。1821 年俄国别林斯高晋环南极大陆一周，发现了亚历山大一世岛。1821 年戴维斯成为第一位登上南极半岛的人。1823 年，英国航海家威德尔率两艘小船发现了威德尔海。1838—1842 年，美国海军上尉威尔克斯对南极洲的探险，足以证实南极洲为一块大陆，而不是一个群岛，而他在印度洋海岸所发现的陆地被称为"威尔克斯地"。

　　罗斯在 1841 年发现了一个不结冰的水域，即现在以他的名字命名的罗斯海。在他继续向南航行期间，发现了阿代尔角、罗斯冰架。

　　1901—1916 年，南极洲的探险非常活跃。1901 年，斯科特船长领导的探险队，完成了一系列的科学观测工作。1907—1909 年，沙克尔顿领导的探险队，穿越罗斯冰架，找到了通往南极点的路线。1914 年 8 月，沙克尔顿计划从威德尔海的科茨地乘雪橇穿越大陆，直抵罗斯海，但未成功。1911 年，由挪威的阿蒙森、英国的斯科特分别在南极大陆展开探险，他们都以南极点为目标。阿蒙森是第一位到达南极点的人。

库克船长三次考察南太平洋

詹姆斯·库克是英国的一位探险家、航海家和制图学家。1768—1779 年，他进行了三次探险航行。通过这些探险考察，他给人们关于大洋，特别是太平洋的地理学知识增添了新的内容。他还被认为在通过改善船员的饮食，包括增加水果和蔬菜等来预防长期航行中出现的坏血病方面也有所贡献。库克船长在太平洋和南极洲的伟大的航行为世界科学发展作出了巨大的贡献，同时他也是第一位绘制澳大利亚东岸海图的人。在人们的记忆中，库克船长是"水手中的水手"，在探险史上，还没有哪个人可与他的成就相媲美，世界地图将永远带着他的印记。

库克与夏威夷群岛

1776 年 7 月，库克船长第三次赴太平洋探险，这次库克发现了美丽的夏威夷群岛，库克把夏威夷群岛标示在地图上，也因此掀开了夏威夷在世界历史上的第一页。库克船长虽命丧夏威夷，但库克船长却给夏威夷带了历史、社会和文明，1778 年 1 月 18 日成为了夏威夷的纪念日，在库克船长当年被抛棺的海域附近的海岸上，夏威夷人建起了一座雄伟的库克船长纪念碑。如今在新西兰北岛和南岛间的海峡依然用库克的名字命名，被称为库克海峡，在南太平洋的一个群岛还叫库克群岛。

库克船长

库克于 1728 年 10 月 27 日出生于英国约克郡的一个贫苦农民家庭里。18 岁时，他在一家船主那里找到一项工作并且到波罗的海作了几次航行。当英法战争爆发时，他作为一名强壮的水手应征到皇家海军服役。不到一个月他被提升为大副。四年之后升为船长。1759 年，他授权指挥一艘舰船参加了圣劳伦斯河上的战斗。1763 年，战争结束之后，库克作为纵帆船"格伦维尔"号的船长承担了新西兰、拉布拉多和新斯科舍沿岸的调查工作。在 4 年多的时间里他取得了许多重要成果，这些成果后来由英国政府予以发表。

▶库克船长

库克成长的年代，正是西方探险高潮迭起的时期。1767 年发现了塔希提岛的沃利斯探险队宣称：他们曾在太平洋上的落日余辉中瞥见过南边大陆的群山。这一发现震动了整个欧洲。英国政府对沃利斯探险队的这一发现表示了极大的兴趣，为了赶在别国之前抢先发现和占领这块大陆，扩大英帝国之版图，英国政府选派库克出海远航，寻找这个带有神奇色彩的南方大陆。

发现澳大利亚和新西兰

1768年8月26日，库克率领"奋进"号启航去调查太平洋中维纳斯航道并考察该海区的新岛屿。伴随他的有一名天文学家、两名植物学家和一名擅长博物学的画家。他先向南航行，后向西转弯，绕过好望角，于1769年4月13日到达塔希提岛。

接着库克下命起航向南驶去，他们花了一个月时间通过了一群岛屿，这些岛屿间水面很窄，"奋进"号不得不绕来绕去，费了一个多月时间。库克把这一群岛命名为"社会群岛"。尽管绕过了社会群岛，然而南方大陆依然踪影全无。8月上旬一过，天气开始变冷了，"奋进"号继续向南航行。到了11月初，"奋进"号已通过了南纬40°，然而南方大陆仍然没有发现。这时天气越来越坏，海上风浪也愈来愈大，这对"奋进"号造成了很大的威胁，库克心里很清楚：如果继续南行，后果不堪设想。于是他下令改为向西航行。又过了一个月，他们看到洋面上漂浮着海草和木头，海鸟也成群地在天空中飞翔，显然他们前面即将出现一片陆地。库克根据地理位置很快判断出，这就是荷兰探险家在一个世纪前发现的新西兰。

库克在岸上只作了短暂的停留，并作了几天的考察。他发现这里不大可能是南方大陆的延伸部分，于是决定继续南行。这样"奋进"号又一次驶过了南纬40°；然而仍未发现这里有什么南方大陆。于是库克下令改为向北航行，最后驶到了新西兰的北角。在新西兰北角，探险队稍作休整和补足淡水后继续前进，并于12月下旬绕过了北角。

海上天气开始变坏了，海上狂风大作，巨浪滔天，船行十分困难。"奋进"号在波浪中不断地剧烈抖动着前进，终于抵达了新西兰的西海岸。为了绘制好这一地区的海岸线图，库克不管风浪如何险恶，仍然迎着风浪向南探索。他坚持按自己测量的结果来绘制每

▼库克率领的"奋进"号

▲与土著人的战斗场景

一英里的海岸线。随着"奋进"号的前进，渐渐地，地图上的新西兰外形越来越不像是一片大陆，而更像是一个弯刀状的岛屿。而"奋进"号则按逆时针方向围绕着这个岛屿航行。

1770年1月14日，"奋进"号掉头向东，完成了一个圆形航线。库克忽然发现了一个很宽很深的海峡，并有一片碧绿的多山的陆地在向南边延伸。他感到很惊讶，这显然表明新西兰不是单一的岛，而是两个岛。但不久"奋进"号就遇到了一个小障碍，船上的帆具坏了些，船速也慢了下来。库克下令把"奋进"号开进一个被他命名为夏洛特皇后湾的小港内停泊整修。这个避风港内到处鸟语花香，清泉淙淙，遍地长满了野芹和抗坏血病的药草。库克见了，满心欢喜，他立即把夏洛特皇后湾宣布为英国所有。

在夏洛特皇后湾修整了几天后，"奋进"号又扬帆向东，紧接着又穿过了一个狭长的大海峡，这个海峡就是现在的库克海峡。"奋进"号朝南按顺时针方向绕新西兰的其余部分继续航行。库克想弄清楚新西兰的确切形状到底是什么样，结果他完成了一个8字形的海岸航行线。1770年3月底，库克再次回到了夏洛特皇后湾，他画出了第一张清晰的新西兰群岛图。这张图线条明朗，极为准确，为后来许多航海家所称道。

库克感到极为失望的是，整个航行过程中，始终未找到南方大陆。但19天之后，海平线上隐约露出了陆地的阴影。船员们顿时激动起来，因为他们又来到了一块新的大陆。为了找到一个好的海湾停泊"奋进"号船，库克下令继续沿澳大利亚海岸向北航行。他们欣喜地看到陆上翠色喜人，显然这个新大陆是一块富饶的土地，而并不像荷兰人所说的那样荒凉。

到了5月下旬，"奋进"号进入了太平洋上最大的暗礁区——大堡礁。这里的暗礁星罗棋布，随处可见浅滩和刀山似的珊瑚群；这个暗礁区沿着澳大利亚东北部的昆士兰热带海岸延伸了1000多英里。"奋进"号进入这片暗礁区后，在一个巨大的珊瑚礁上搁浅了。库克命令船员合力起锚，终于摆脱困境。

8月21日，他们抵达了澳大利亚的北端约克角。库克高超的船海技术在这里得到了出色的发挥。约克角已很接近东南亚了，库克决定由这里通过托里斯海峡到东印度群岛去。很快他们便抵达了荷属港口巴塔维亚（即今之雅加达）。船员们很不适应这里潮热的气候，一场瘟疫在船员中流行起来，一下子便死去了73人。库克悲痛不已，赶快返航回国。1771年7月13日，努力号经过了3年的远航终于回到了英国。这次航海，他们给世界地图增加了5000余英里的海岸线，这个成绩是辉煌的。

探索北冰洋和南太平洋中的岛屿

在 1772 年 7 月 13 日，库克再次从英格兰启航。这次他反方向，由西向东南下绕过非洲的好望角，穿过南极圈，到达新西兰。接着他花了很多时间一一探索南太平洋中由澳大利亚、新西兰、夏威夷三点连成三角形中间的岛屿，这些岛屿包括复活节岛、汤加、新赫布里底群岛、新喀里多尼亚和诺福克岛。然后经南美、大西洋，在 1775 返回英国。此次回国晋升上校，同时被选入英国皇家学会，他所写关于预防坏血病的论文并获得学会颁予金质勋章。

▲库克船队与夏威夷的土著人发生冲突

1776 年 7 月 12 日，库克第三次也是最后一次从英格兰启航，这次的目标是考察北太平洋和寻找绕过北美洲到大西洋的航道。绕过好望角之后，库克横渡印度洋到达新西兰，从那里又航行到塔希提岛。后来他们继续航行，在圣诞节前夜他们看到了一个岛屿。这个岛屿被库克命名为"圣诞节岛"。进一步向北航行，他发现了夏威夷群岛。

1778 年 2 月他往东抵达了北美洲的俄勒冈海岸，并朝北探索北冰洋。据知他们经过了白令海与白令海峡，但无法横越北冰洋，只好南下回到了夏威夷。恰巧当地人在庆祝马卡希基节日，库克被认为是神明拉农，被顶礼膜拜，当地妇女给水手提供免费的性服务，不久一位船员去世，土著们了解到库克并非神明，之前虔诚狂热的信仰遭到沉重的打击，转成为愤怒。

2 月 14 日，双方爆发混战，库克在夏威夷的凯阿拉凯库亚湾被乱棍打死，尸体惨遭肢解，共有 4 名水手和 17 个夏威夷人在这次混战中丧生。库克船长的遗骸被葬于凯阿拉凯库亚湾的海底。几天后，库克船队的人马展开疯狂的复仇行动，岛上的土著人几乎被赶尽杀绝。1780 年 10 月 4 日，库克船队才回到英国。

◀1778 年 2 月 14 日，双方爆发混战，库克在夏威夷的凯阿拉凯库亚湾被乱棍打死，尸体惨遭肢解，共有 4 名水手和 17 个夏威夷人在这次混战中丧生

别林斯高晋的发现

1819 年 7 月，别林斯高晋和助手指挥"东方"号和"和平"号两只单桅船离开俄罗斯，完成了环南极的伟大航程，先后 6 次穿过南极圈，最南到达南纬 69° 25′ 处。无法通过的浮冰及阴云弥漫的海面，使他们最终没能到达南极大陆，只发现了现在的彼得一世岛和亚历山大一世岛。

▲别林斯高晋纪念邮票

库克错过发现南极大陆的机会

在 2000 多年前，古希腊科学家亚里士多德便推断出，地球北半球有大片陆地，为与之平衡，南半球也应当有一块大陆。而且，为了避免地球"头重脚轻"，造成大头（北极）朝下的难堪局面，北极点一带应当是一片比较轻的海洋。

18 世纪以来，人类为了寻找南极大陆，探索它的奥秘，不畏艰险，络绎不绝，涉足南极探险和科学考察。

1772—1775 年间，英国航海家库克，组织了一个探险队，决心去寻找这个神秘的"南方大陆"。他率领两艘帆船，进入南太平洋探险。曾三次冲破风暴的阻挠和浮冰的封锁，越过南温带和南寒带的分界，进入南极圈，直至南纬 70° 10′ 的海域，但在离南极大陆还有 250 千米的地方，由于流水的阻碍，两艘帆船只能在南大洋上绕着南极大陆迂回曲折地航行，使库克失去了发现南极大陆的机会。

1775 年 3 月，库克回到好望角时，以极度失望的心情在报告中写道："我在极度困难中完成了这次高纬度的航行，我证明那儿绝对没有大陆的存在，即使有的话，那也是极小极小的、覆盖着冰雪的、人类无法到达的地方。我建议停止对南极大陆的寻找。"

库克作出南极没有任何大陆的错误结论，导致以后几十年几乎没有人再到南极海域进行"毫无希望"的探险航行。然而，也有不少人并不相信库克的论点，他们认为，如果以南极为圆心，以 2000 千米为半径画圆，直径就是 4000 千米，在如此大的范围内怎么能轻易断定没有陆地呢？于是，俄国探险家费边·别林斯高晋，最先开始了探索南大洋和南极陆地的壮举。

▼英国航海家库克

发现了南极大陆

1819 年 7 月，沙俄派出两艘航海帆船，在海军中校别林斯高晋的率领下，从彼得堡出发，登上南极大陆探险的征途。按照亚历山大一世提出的极地航行计划，远洋探险的主要目标是"尽量接近南极点"，并到库克没有到过的海峡寻找未知的陆地，只有在碰到不可克服的困难才可放弃这种寻找。

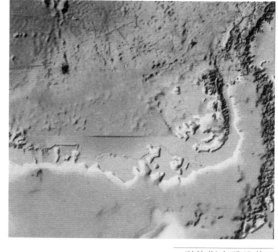

▲别林斯高晋地貌

船队在1819年11月底，也就是南半球夏季即将开始之际，稍事休息后继续向南航行。不久船队就驶入南纬40°的辐合带，遇上了汹涛恶浪的袭击，经受了第一次严峻的考验。12月，正是南半球的盛夏，可是，天空下着鹅毛大雪，海上漂流着一座座冰山，又遇上了极其恶劣的浓雾天气，海面上到处都是云山雾海，一片灰暗，他们时刻担心碰上冰山，造成船毁人亡。

到1820年1月中旬，他们终于进入南极圈。不久，看到海水的颜色有了变化，头上盘旋着飞鸟，这里离陆地不会很远了。两艘帆船继续航行，来到了距南极大陆只有20千米的海域，新大陆就在眼前。可是，天不作美，突然暴风雪来临，巨大的冰山又封住了他们的去路，帆船在南极附近徘徊了好久，冬季也快要来临，他们只得返回，在澳大利亚的悉尼过冬。

1821年1月，别林斯高晋率领两艘帆船又越过了南极圈，发现了"彼得一世岛"和南极第一大岛——"亚历山大一世岛"。据说，这些岛屿的发现，还多亏了船上的一位厨师。在探险途中，水手们捉到一只企鹅，就把它宰了，不料，烹调它的厨师在企鹅的嗉囊里见到了一颗石子，这引起了科学家的注意。这颗石子是从哪里来的呢？它的潜水本领不大，不可能从很深的海底衔上来，唯一的可能是附近就有陆地。这一偶然的发现，给屡遭挫折的别林斯高晋以极大的鼓舞。1821年1月10日，别林斯高晋的船队开进了现在的别林斯高晋海，他们终于看见了一块高出海面的陆地！他们把这块陆地命名为"彼得一世岛"。不幸的是，海面冰况严重，探险队仅能到达离岛19千米的地方，他们沿着冰缘继续航行，7天后又发现了另一块陆地，也就是"亚历山大一世岛"。"亚历山大一世岛"实际上是一个由冰架与南极半岛相连的岛，可是，当时俄国探险队不敢断定自己"发现了南极大陆"。

谁最先发现南极大陆

当历史进入了19世纪，沙皇俄国以世界强国的面貌出现在世界上，在亚历山大一世雄心勃勃地进军西伯利亚成功后，便从全球战略出发，1819年同时派出两支船队分别向北极和南极进发，又一次揭开南极探险的新一页。由船长别林斯高晋海军中校率队，开始了人类历史上第二次环南大洋航程。与此同时，英国和美国的两支捕猎海豹的船队也在往南极进发，但他们没有作环绕南极的航行，只在南极半岛地区进行考察，因他们的航行路线都非常接近南极半岛，以至于后来产生了谁最先发现南极半岛之争。

打破库克南航的纪录

　　库克第二次航行之后几乎半个世纪里，没有一个航海家向南比他航行得更远。直到 1823 年，英国的猎捕船船长詹姆斯·威德尔乘着两艘航船在冰海航行顺利的情况下，从南乔治亚岛出发行进到南纬 74° 15′，比库克所创造的纪录还多 3°。

猎捕失败

　　由于库克船长在探险报告中特别提到，在南极圈附近海域存在大量的海豹和鲸鱼，于是英国、美国、俄国、法国和其他一些国家的捕猎船纷纷前往南大洋捕猎。英国捕猎船"美人"号船长詹姆斯·威德尔就是其中一个，他曾率领两艘小船到达"魔海"。

　　一提起"魔海"，人们自然会想到大西洋上的百慕大"魔鬼三角"，这片凶恶的魔海，不知吞噬了多少舰船和飞机。它的魔法究竟是一种什么力量，科学家们众说纷纭，至今还是一个不解之谜。然而在南极，也有一个"魔海"，这个"魔海"虽然不像百慕大三角那么贪婪地吞噬舰船和飞机，但它的魔力足以令许多探险家视为畏途，这就是威德尔海。

　　威德尔海是南极的边缘海，南大西洋的一部分。它位于南极半岛同科茨地之间，最南端达南纬 83°，北达南纬 70° ~ 77°，宽度在 550 千米以上。它因 1823 年英国探险家威德尔首先到达于此而得名。

　　威德尔出身于英格兰的一个牧羊人家庭，由于生性好动，就跑到海港当了一名水手，34 岁时成了猎捕海豹船的船长，1921 年，他在南极海捕获了不少海豹，发了一笔小财。

　　1822 年，威德尔再度驾船驶向南大洋，希望能有更大的收获，可他在出航时已经喝得酩酊大醉，登陆休整时更是长醉不醒，手下的船员痛饮狂欢。手下多次劝说他早点启航，以免错过猎捕季节，但他总是不置可否。直到 1823 年初，威德尔才起锚急急忙忙向东南航行。

　　南大洋的劲风冷得令人难以忍受，看来南半球的冬季已经逼近了。更糟糕的是，海豹猎捕场除了密布的流冰外，见不到一只海豹。威德尔决定沿着西经

▼南极企鹅

160

"魔海"

绚丽多姿的极光和变化莫测的海市蜃楼，是威德尔海的魔力。船只在威德尔海中航行，就好像在梦幻的世界里飘游，它那瞬息万变的自然奇观，既使人感到神秘莫测，又令人魂惊胆丧。有时船只正在流冰缝隙中航行，突然流冰群周围出现陡峭的冰壁，好像船只被冰壁所围，挡住了去路，似乎进入了绝境，使人惊慌失措；有雾时，这冰壁消失得无影无踪，又使船只转危为安；有的船只明明在水中航行，突然间好像开到冰山顶上，顿时，把船员们吓得一个个魂飞九霄；还有当晚霞映红海面的时候，眼前出现了金色的冰山，倒映在海面上，好像向船只砸来，给人带来一场虚惊。在威德尔海航行，大自然不时向人们显示它的魔力，戏耍着人们，使人始终处在惊恐不安之中。后来才知是大自然奇幻景象演出的一场闹剧。正是这一场场闹剧，不知将多少船只引入歧途，有的竟为避虚幻的冰山而与真正的冰山相撞，有的受虚景迷惑而陷入流冰包围的绝境之中。

30°向南航行，到南桑威奇群岛西南寻找海豹的栖息地。可越向南航行，流冰越多，绿色的海水变成恐怖的深蓝，这里连海豹的影子都没有看到。

奉"旨"南行

"美人"号在大风雪中开开停停，远处传来了冰山爆裂的巨响，使人不寒而栗。船员们已经失去了信心，一场叛乱迫在眉睫。

面对众叛亲离的局面，威德尔一筹莫展，每天只能喝闷酒。这时，他的一个手下向他献计，威德尔采纳了这条妙计。他把全体船员召集到甲板上，从怀里掏出一张羊皮纸，递给站在旁边的手下，让他宣读。手下庄严地宣读道："兹命令威德尔率'美人'号驶向南极，以完成大不列颠国王的光荣使命。"船员们听完后，面面相觑，看到伊丽莎白女王的签名时，谁也不敢违抗这项命令。

这时，非常奇怪的事情发生了，原先阴霾的天空出现了金灿灿的太阳，海面上的流冰也慢慢向两边漂移，形成一条无冰水道。威德尔见状大喜，大喊一声："全速前进，这是上帝的旨意！"

船员们见到这种情形，顿时精神大振，迅速各就各位，驾船从水道中向南航行。由于海冰异乎寻常的少，威德尔一路畅通，南下的航程比当时任何人都要远。

返航前，威德尔反复地测量水温，直到温度计破损为止。他们在冰上挂起英国国旗，同时轰响礼炮，以庆祝他们南大洋航行的新纪录：南纬74°15′，这比当年库克船长南极之行更接近南极点380千米。

威德尔此行虽然没有猎捕到一只海豹，但归国后却受到英雄般的欢迎。他凭借假诏书闯过的广阔海域，位于南极半岛和科茨地之间，威德尔当时曾起名为乔治四世海，直到1900年地理学家卡尔才提议以首先到此的威德尔之名命名为"威德尔海"，这个威德尔海由于严寒、风暴和冰山，险象环生，又称为"魔海"。

▲威德尔海豹　▼南极冰原

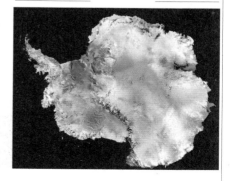

寻找南磁极

詹姆斯·克拉克·罗斯，约翰·罗斯的侄子，是一名航行于北冰洋经验丰富的海员。他曾跟他的叔叔前往北极地区，并到达了北磁极。罗斯有着丰富的地球磁场方面的知识，因此被选派率领探险队于1839年启程去寻找南磁极。为了抵御浮冰，他的两艘船"埃里伯斯"号和"无畏"号被特别加固了。1841年1月5日，罗斯的船不畏困难，强行驶进新西兰以南的南极冰洋。他们破冰开辟出一条通到外海的航道，这成为首批通到外海的航道，成为首批通过大片浮冰的海船。该海域后来被命名为"罗斯海"。

▲约翰·罗斯

抵达罗斯海

罗斯在1839年9月奉海军部的命令从英国起航，他统率着女王陛下的两艘帆船——370吨的"埃里伯斯"号和340吨的"无畏"号。他的最终目标是南磁极。

船队在1840年8月抵达澳洲塔斯马尼亚的霍巴特港，这时他听说了前一年夏天杜蒙特·达尔维尔率领法国探险队和查尔斯·威尔克斯率领美国探险队来过的消息。前者曾到达阿德利地，并发现在它的西边有长达60英里的冰崖绝壁。他带回来的一只鸟蛋被证明是皇企鹅的蛋。

所有这些发现都是在南极圈的纬度附近获得的，而这些地点大都位于澳大利亚以南的某个地方。罗斯认为，英国在探索南极方面与探索北极一样，走在了世界的前列，他当

▼罗斯的探险队

即做出一个决定，为了不被其他人的发现所干扰，他选择从更靠近东边的位置向南进发，以便在可能的情况下直抵磁极。

他朝南极的方向在一无所知的大海里前进。在穿过了大面积的浮冰抵达所谓的磁极之后，他继续按罗盘上的方向在风力允许的情况下向南行进。1841 年 1 月 11 日，在南纬 71° 15′ 处，他看到了萨宾山白色的顶峰，并且在此后不久又发现了阿代尔角。他在抵达磁极之后又找到了陆地，伴随着这些喜悦他转头向真正的南方航行，进入了现在被叫作"罗斯海"的水域。

打破威德尔纪录

罗斯花了许多天的时间沿着海岸线航行，在船队的右侧是连绵的山脉，左侧是罗斯海。他发现并命名了一连串的高山，这些山峰把大海同南极高原隔离开来。1 月 27 日是一个有着非常适宜的轻风的晴朗天气，他站在船头向着前一天中午时分发现的陆地靠近，这个地方后来被称作"高地岛"。

罗斯从克罗泽角出发又前进了 250 英里，这才到达了以

> ### 罗斯冰架
>
> 罗斯冰架是一个巨大的三角形冰崖，几乎塞满了南极洲海岸的一个海湾。它宽约 800 千米，向内陆方向深入约 970 千米，是最大的浮冰，其面积和法国相当。该冰架是英国船长罗斯爵士于 1840 年在一次定位南磁极的考察活动中发现的。他们在坚冰中寻觅途径，来到外海时便碰见一座直立的、高出海面五六十米的冰崖。该冰崖挡住了他们的去路。1911 年挪威和英国两个国家的探险队竞赛最先到达南极，罗斯冰架是此举的起点。阿蒙森率队从鲸湾出发，而斯科特则从罗斯岛出发。冰架在罗斯岛与大陆连接，离南极约 100 千米远。结果阿蒙森获胜，他比斯科特先一个月到达南极。

"无畏"号指挥官命名的罗斯岛最东端。在返航的路上他注意到罗斯岛与西边的高山之间有一条峡谷。2 月 16 日凌晨两点半，他发现了埃里伯斯火山。

当天中午时分，他看到了埃里伯斯火山异常猛烈喷发，浓烟和火焰升到了一望无际的高空。午夜过后不久，从东方刮过来一阵微风，船队起满帆向南航行，一直到凌晨 4 点才转向。船队又花了一个小时才探明了埃里伯斯火山与大陆之间的整个海湾。它现在被称作"麦克默多海峡"。

起初罗斯错误地认为埃里伯斯火山与整个大陆连成一体，当时船队似乎离埃里伯斯西南的哈特岬半岛非常遥远。那时他还有可能看到大陆东方的明纳布拉夫，在两者之间还有白岛、黑岛和棕岛，人们会自然而然地把这一连串岛屿看作一片连在一起的陆地。

罗斯继续穿过浮冰进入了深不可测的大海。他在这段旅途中经过了数百英里山峦起伏的海岸。整个探险工作于 1842 年完成，这次罗斯到达的纬度比威德尔高出 4°。南磁极被比较精确地定位，虽然罗斯因为无法实现在磁极和地球的南极点树起自己国家的旗帜而感到遗憾，但探险中的科学考察也同样值得称道。

罗斯为了取得地理学和科学考察上的准确性而付出了极大的辛劳，他记录下的气象、水温、水深测量数据，以及关于他在跨越大洋时的生活记录不但极为罕见，而且还非常真实。罗斯在 1843 年回到英国之后，人们不可能不相信存在南极大陆这件事了。

到达南极点

1831年，北磁极被发现后，德国大数学家卡尔·高斯预言：在地球的南端，也应该存在着与北磁极相对应的南磁极。从1838年到1843年，法国、美国、英国先后派出探险队前往南极，试图找到南磁极，但都以失败而告终。1909年1月，英国沙克尔顿率领的探险队找到了位于南纬72°15′的南磁极。于是，南极点又成为探险家们试图征服的新目标。最早发现并到达南极点的，是挪威探险家阿蒙森。

开展征服南极点的竞赛

挪威的两位伟大极地探险家南森和阿蒙森生活在同一个时代，是历史的巧合之一。阿蒙森1872年出生于挪威南部的萨普斯堡，比南森年轻11岁。他放弃了原来计划的医生职业，决定献身于极地研究。作为一名合格的海员，他曾经在一艘航行于北极海域的商船上工作过。后来，他以大副的身份参加了1897年"贝尔吉克号"在南极首次越冬的探险。在以往航行中获得的经验，为阿蒙森提供了充足的信心。他决定挑战困扰航海家达300年之久的"西北航线"。1903—1906年乘单桅帆船第一次通过西北航道（从大西洋西北经北冰洋到太平洋），并发现北磁极。在获悉有人成功到达北极后，积极准备探险南极。

1910年6月，阿蒙森获悉英国人斯科特率领一支探险队，正启程前往南极寻找南极点。这个消息使阿蒙森震惊，北极点被人捷足先登了，但南极点还是块处女地。阿蒙森决定要和斯科特展开征服南极点的竞赛。

1911年1月，挪威人阿蒙森乘着"前进"号船，经过半年多的航行，来到了南极洲的鲸湾。阿蒙森在那里建立了基地，准备度过六个月漫长的冬季。同时，阿蒙森也着手南极探险的准备工作，他率领三名队员，带着充足的食物，分乘三辆雪橇。从南纬80°起，每隔100千米建立一个食品仓库，里面放置了海豹肉、黄油、煤油和火柴等必需品。仓库用冰雪堆成一座小山，小山上再插一面挪威国旗。这样，在茫茫雪地上，很远就能发现仓库的位置。阿蒙森一共建立了三座食品仓库。

当阿蒙森回到鲸湾的时候，英国人斯科特率领的探险队也到了，两个竞争对手进行了友好的互访。阿蒙森看到斯科特带的西伯利亚小马和摩托雪橇。而他自己率领100多条爱斯基摩狗组成的雪撬队探险，阿蒙森坚信，爱斯基摩大狗有着比西伯利亚小马更惊人

阿蒙森之死

征服南极点后，阿蒙森又开始了一项新的挑战：在空中探索北冰洋。他和探险队于1925年乘坐水上飞机冒险远征。飞机在北纬88°被迫在冰上着陆。但探险队成功地使其中一架飞机重新起飞。第二年，阿蒙森又和意大利人诺比尔共同领导了从斯瓦尔巴德群岛乘飞艇飞越北极，前往阿拉斯加探险。这些探险家飞越了此前人所未知的地域，填补了世界地图上最后一个空白点，白色的荒原。两年后，当诺比尔乘坐飞艇进行第二次北极飞行时，探险队失踪。阿蒙森参加了前往寻找飞艇的搜救队，在这次搜救行动中，这位伟大的探险天再也没有回来。

▲1911年10月19日，阿蒙森带着52只狗，驾着雪橇向南极点正式进军

的耐寒能力，后来的事实也证明了这一点。

南极的冬天就要到了，"前进"号载着主力队员开往新西兰，他们在那儿度过了南半球的冬天。

找到南极点

五个多月过去了，南极的夏天到，这正是南极探险的好季节。1911年10月19日，阿蒙森和四个伙伴一起，带着52只狗，驾着雪橇向南极点正式进军。一开始，他们进展神速，但越逼近南极点道路越艰难。11月15日，他们终于登上了布满冰川的南极高原，第一次看到了裸露着的红褐色的岩石。

在到达南纬85°时，出现在他面前的是连绵起伏的南极高原。阿蒙森下令，把较为瘦弱的24条狗杀掉，用18条强壮的狗牵拉3辆雪橇，带足60天的粮食，轻装上路。这时，南极地区天气异常恶劣。暴风雪连续刮了五天五夜，为了抢先赶到南极，阿蒙森他们顶风冒雪，艰难地前进。

12月13日，阿蒙森从测量器上看到他们已经到达南纬89°45′，他掩饰不住内心的激动，向队员们大声宣布："大家注意，我们现在距离南极点已经非常接近，再往前走一段，我们就成功了！今晚大家好好休息，保持体力！"

第二天，探险队向南前进了几十千米，阿蒙森突然兴奋地大叫起来："到了，到了，就在这儿！"他们终于找到了南极点——南纬90°，海拔3360米。

他们在南极点整整考察了四天时间，队员们都沉醉在成功的喜悦之中。离开南极点之前，他们在挪威国旗下的帐篷里留下了两封信，一封给挪威国王，另一封给正在行进中的斯科特——请他将信转送给挪威国王。谨慎的阿蒙森知道，他们虽然成功了，但返回营地的征途仍然充满了艰险，他必须做好遇难的准备。

不过，命运似乎特别垂青阿蒙森，1912年1月25日，他们安全返回"先锋者之家"。在过去的99天时间里，他们走过了3000千米的艰苦路程，取得了首次发现南极点的巨大成功。五天后，全体探险队员乘坐"先锋"号踏上了归途，半年后安全返回挪威，受到了前所未有的热烈欢迎。

▶阿蒙森率先抵达南极极点

斯科特到达南极点

罗伯特·弗肯·斯科特是英国皇家海军军官，原先他既不是探险家，也不是航海家，而是一个研究鱼雷的军事专家。斯科特攀登南极点的行动虽比挪威探险家阿蒙森早约两个月，但他却是在阿蒙森摘取攀登南极点桂冠的第34天，才到达南极点，他的经历及后果与阿蒙森相比有着天壤之别。虽然他到达南极点的时间比阿蒙森晚，但却是世界公认的最伟大的南极探险家。

▲罗伯特·弗肯·斯科特

南极点挺进

1910年6月，斯科特率领的英国探险队乘"新大陆"号离开欧洲。1911年6月6日，斯科特在麦克默多海峡安营扎寨，等待南极夏季的到来。10月下旬，当阿蒙森已经从罗斯冰障的鲸湾向南极点冲刺时，斯科特一行却迟迟不能向目的地进军。因为天气太坏，虽值夏季但风暴不止，又几个队员病倒了，所以直到10月底，斯科特才决定向南极点进发。

1911年11月1日，斯科特的探险队从营地出发。每天冒着呼啸的风雪，越过冰障、翻过冰川，登上冰原，历尽千辛万苦。当他们来到距极点250千米的地方时，斯科特决定由他本人和负责科学研究的威尔逊博士、37岁的海员埃文斯、32岁的奥茨陆军上校、28岁的鲍尔斯海军上尉，继续向南极点挺进。

1912年初，应该是南极夏季最高气温的时候了，可是意外的坏天气却不断困扰着斯科特一行，他们遇到了"平生见到的最大的暴风雪"，寸步难行，只得加长每天行军的时间，全力以赴向终点突击。

1912年1月16日，斯科特他们忍着暴风雪、饥饿和冻伤的折磨，以惊人的毅力终于登临南极点。但正当他们欢庆胜利的时候，突然发现了阿蒙森留下的帐篷和给挪威国王哈康及斯科特本人的信。阿蒙森先于他们到达南极点，对斯科特来说简直是晴天霹雳，一下

斯科特的临终遗书

斯科特给妻子凯瑟琳的最后一封信分几天写成，记录了他生命中最后的时光。这位探险家在信的开头写道，他和队友"身体很好，充满活力"。随后，他告诉妻子，"亲爱的，这里只有零下70多华氏度，极其寒冷。我几乎无法写字。除了避寒的帐篷，我们一无所有……你知道我很爱你，但是现在最糟糕的是我无法再看见你——这不可避免，我只能面对"。随着处境恶化，斯科特更加绝望，他在信中劝妻子改嫁："如果有合适的男人和你共同面对困难，你应该走出悲伤，开始新的生活。"但是，他也告诉妻子，面对死亡，他没有任何遗憾和后悔，"关于这次远征的一切，我能告诉你什么呢？它比舒舒服服地坐在家里不知要好多少！"在生命最后的时刻，斯科特非常挂念当时仅3岁的儿子彼得，他写道："可能我无法成为一个好丈夫，但我将是你们美好的回忆。当然，不要为我的死亡感到羞耻，我觉得我们的孩子会有一个好的出身，他会感到自豪。"他还嘱咐妻子要培养彼得，让他热爱自然，喜欢户外活动。

子把他们从欢乐的极点推到了惨痛的极点。

　　"历尽千辛万苦、无尽的痛苦烦恼，风餐露宿，这一切究竟为了什么？还不是为了梦想，可现在这些梦想全完了。"斯科特在他的日记中写道，"这里看不到任何东西，和前几天令人毛骨悚然的单调没有任何区别。"这就是罗伯特·斯科特关于极点的描写。他们快快不乐地在阿蒙森的胜利旗帜旁边插上一面姗姗来迟的联合王国的国旗，然后离开了这块辜负了他们雄心壮志的伤心地。怀着沮丧和不祥的预感，斯科特在日记中写道："回去的路使我感到非常可怕。"没有任何光彩，在他们的内心深处，与其说盼望着回家，毋宁说更害怕回家。

斯科特的厄运

　　斯科特清楚地意识到，队伍必须立刻回返。他们在南极点待了两天，便于1月18日踏上回程。

　　回来的路程危险倍增，他们的脚早已冻烂。食物的定量愈来愈少，一天只能吃一顿热餐，由于热量不够，他们的身体非常虚弱。一天，他们中身体最强壮的埃文斯突然精神失常，由于摔了一跤或者由于巨大的痛苦，2月17日夜里1点钟，这位不幸的英国海军军士死去了。只有4个人了！

▲斯科特前往南极的探险船

　　接着他们中间的劳伦斯·奥茨已经冻掉了脚趾，在用脚板行走。中午的气温也达到零下40℃。奥茨感觉到自己越来越成为负担，于是向负责科学研究的威尔逊要了10片吗啡，以便在必要时加快结束自己，他要求大家将他留在睡袋里，被坚决拒绝，尽管这样做可以减轻大家的负担。病人只好用冻伤了的双腿踉踉跄跄地一直走到夜宿营地。清早起来，外面是狂吼怒号的暴风雪，奥茨突然站起来，说："我要到外边走走，可能要多待一些时候。"其余的人不禁战栗起来，谁都明白到外面去走一圈意味着什么。但谁也不敢阻拦，大家只是怀着敬畏的心情，看着这个英国皇家禁卫军骑兵上尉英勇地向死神走去。只有3个疲惫、羸弱的人了！

▲1912年1月16日，斯科特探险队忍着暴风雪、饥饿和冻伤的折磨，以惊人的毅力终于登临南极点，但他们的表情是极其失望的

　　在距离下一个补给营地只有17千米时，遇到连续不停的暴风雪，饥饿和寒冷最后战胜了这些勇敢的南极探险家。3月29日，斯科特写下最后一篇日记，他说："我现在已没有什么更好的办法。我们将坚持到底，但我们越来越虚弱，结局已不远了。说来很可惜，但恐怕我已不能再记日记了。"斯科特用僵硬不听使唤的手签了名，并作了最后一句补充："看在上帝的面上，务请照顾我们的家人。"

　　过了不到一年，后方搜索队在斯科特蒙难处找到了保存在睡袋中的3具完好的尸体，并就地掩埋，墓上矗立着用滑雪杖作的十字架。

沙克尔顿屡次探险南极

▲沙克尔顿、斯科特和威尔森

在早期征服南极的竞争中，有一个人与阿蒙森和斯科特齐名，他就是沙克尔顿。1909年初，英国探险家沙克尔顿就曾率领着他的探险队挺进到南纬88°23′的南极高原，由于供给不足和队员健康状况恶化，离南极极点只有156千米时，他选择了折返，与人类首次踏上南极极点这一历史荣耀擦肩而过。这一桂冠在1911年底和1912年初，先后由挪威探险家阿蒙森和英国探险家斯科特摘得。1914年，沙克尔顿又准备徒步横穿南极大陆。不幸的是，这次南极破冰之旅，千难万险，九死一生，他最终未能实现横穿南极大陆的愿望。

随斯科特探险

1899年，沙克尔顿加入皇家地理学会。1900年皇家地理学会和另外一个科学团体皇家学会决定英国出资组建一个国家南极探险队，沙克尔顿申请加入。1901年初他被录取。探险队由罗伯特·斯科特领导，南极探险船为"发现号"。1901年7月23日，"发现号"启程，船上共有38人，沙克尔顿在船上协助科学家进行科学实验，他还能鼓舞船员士气，并发明各种新东西供大家消遣，他甚至编了一份船上出版物《南极时报》。出发后的第二年，"发现号"到达麦克默多海峡。

1902年11月，沙克尔顿又随罗伯特·斯科特去征服南极点，由于他们的南极探险经验不足，以为个人毅力可以克服种种困难。他们使用了狗，但却不能熟练地驾驭它们。出发后到了圣诞节，3人都出现了坏血病的症状。最后他们被迫在那一年的最后一天返回。这时他们距离南极850多千米。

寻找南极点

1907年，沙克尔顿自己组织并领导了英国南极探险队，这次行程受到了英国皇室的注意，国王和皇后接见了沙克尔顿，皇后赠给他一面英国国旗，让他插在南极。

探险船"猎人号"出发后到达南极海岸，船员们在南极海岸建起了营地。沙克尔顿把营地变成了一个温暖的家。沙克尔顿和他的3个伙伴于1908年11月3日出发向南

▼沙克尔顿在罗斯岛的营地

极挺进，到了 11 月 26 日，他们已经打破了
"发现号"探险的纪录了。

由于当年和斯科特的南极探险使用了狗
运输没有成功，沙克尔顿这次使用了一种中
国东北种的小马来运输，结果证明也是不成
功的。在挺进南极的过程中，最后 4 匹小马
掉进了一冰窟窿里，还差点把一个伙伴也拽
进去。

1909 年 1 月 9 日，他们向南极作最
后的冲刺，最后把皇后赠的国旗插在南纬
88°23′，此地距南极只有 156 千米。大家
已经筋疲力尽，他们 4 人不得不日夜兼程往

▲ 1907 年，沙克尔顿乘着"猎人"号进入麦克
默多海湾

回赶，以便在饿死前赶回船上。4 人个个染上了严重的痢疾。为防止船等不及他们而开走，
沙克尔顿和另一个较强壮的伙伴先出发，把另两个人留在一个储备丰富的补给站。出发的
伙伴在 3 月 1 日获救。刚上船的沙克尔顿坚持亲自带队去接人，两天后他们带着两个掉队
者回到船上。

横跨南极大陆

1914 年，雄心勃勃的沙克尔顿没有放弃，他希望在南极创造出另一个人类第一：徒
步横穿南极大陆。他的执着为他赢得了捐款，也给他带来了 28 名志同道合者。

"持久号"于 1914 年 8 月 1 日从伦敦出发。事实上，这次又没成功。在行进过程中，
浮冰将"持久号"团团围住，使它寸步难行。沙克尔顿和船员不得不弃船搬到浮冰上，在
10 个月后于 1915 年 11 月船沉入海底。

此时，沙克尔顿只有一个愿望：把全体船员一个不少地活着带回去。在随后的 5 个
月里，他们 28 人登上了一块巨大的浮冰，这块浮冰随着时间的推移不断地碎裂，并慢慢
地变小了。1916 年 4 月 9 日，浮冰彻底碎裂了，3 艘来自"持久号"的救生船被迅速推
到海上。在海上经历了 7 昼夜的危险之后，他们登上了荒无人烟的大象岛。

他们没有坐以待毙，沙克尔顿随后和另外 5 个人乘上最大的救生艇，横渡大约 800
英里，来到了南乔治亚岛，这一史诗般的航行在气候极端恶劣的海上持续了 16 天。上岸
后，沙克尔顿不得不徒步翻越南乔治亚山脉，去寻找捕鲸站以求帮助。

1916 年 5 月 20 日下午 3 点，沙克尔顿和他
的两个伙伴挣扎着走到最近的一个捕鲸站。在晚
餐时分，挪威捕鲸人向他们表示了敬意。到达捕
鲸站的 3 天后，他们登上了一艘捕鲸船，开始了
解救围困在大象岛上的同伴的行动。在 8 月 30 日，
经过第四次尝试，他终于找到了一条从浮冰上穿
过的路，发现他的 22 个同伴都安然无恙地留在岛
上，每个人都从南极获救了。

最后的探险

沙克尔顿又进行了一次极地探
险，此次探险的目标是环游南极洲以
绘制其海岸线图。探险船"探索号"于
1921 年 9 月 18 日离开英国。探险船于
1922 年 1 月 4 日到达南乔治亚岛，1 月
5 日凌晨，沙克尔顿因心脏病发作去世。

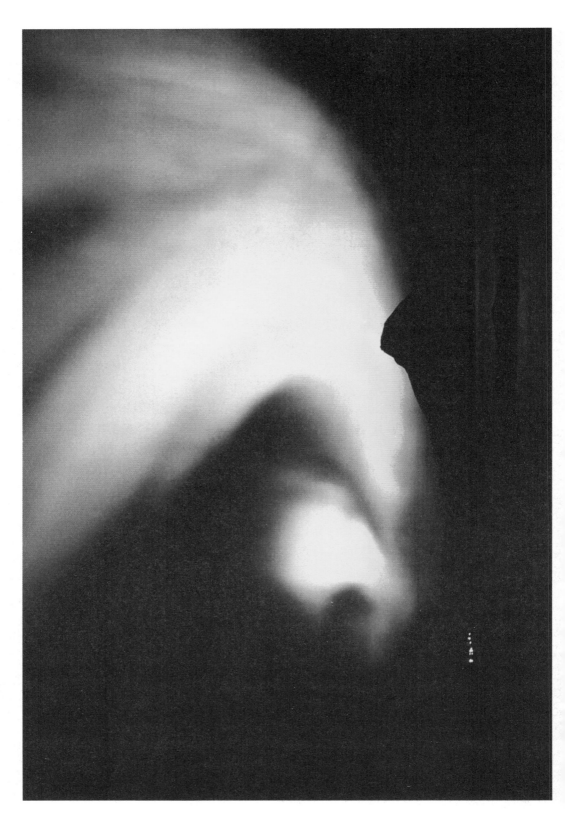

第七章

到北极探险

在人类生活的这个蓝色星球上，有一个"太阳落下去不久很快又会升起"的最北的地方，海面上被一种奇怪的东西所覆盖，"既不能步行也无法通航"，这就是北极。变幻莫测的北极光，极昼极夜交替出现，一望无际的雪原，坚冰覆盖着的曲折蜿蜒的海岸线，其间出没着寂寞的北极熊，还有祖祖辈辈坚守在这里的爱斯基摩人。这里是人类文明的禁区，大自然鬼斧神工的创作被保留在最原始的一块地方。这里有着如此多的不为人知的现象，如此奇异的生物群落，如此丰富的能源储藏，等待着人们去探索。

神秘莫测魅力无穷的北极很早就吸引人类进行探索。据记载，自人类文明以来，第一个勇于向北极进军者是古希腊人。早在 2000 多年以前，一个叫毕则亚斯的人勇敢地扯起了风帆，开始了人类历史上第一次有理性的北极探险。在此后的 1000 多年里，没有人再去碰一碰北极。罗马帝国虽然一度非常庞大，却惯于陆上征战，很少发展海上势力。印度和中国虽然步入了文明，却忙于内部争斗，无心去管外部的事。因此，除了星象学家们偶尔遥望一下北方的太空之外，人类几乎把北极忘记了。

直到 13 世纪乃至 14 世纪，南方与北极的联系都还只是停留在经向上，无论是人类到北极探险，还是北极的货物源源不断地运往南方各地，都是在南北方向上运动，而且是各干各的，从西欧到东亚，各有各的渠道，彼此间并没有什么联系。然而，也就在此期间，人类历史上却发生了一件大事，不仅把东西方联系了起来，而且也为人类向北极进军赋予了一种全新的含义。这就是马可·波罗的东方之行和他的《马可·波罗游记》。

由于马可·波罗的中国之行，使西方人相信中国是一个黄金遍地、珠宝成山、美女如云的人间天堂。于是，西方人开始寻找通向中国的最短航线——海上丝绸之路。当时的欧洲人相信，只要从挪威海北上，然后向东或者向西沿着海岸一直航行，就一定能够到达东方的中国。因此，北极探险史是同北冰洋东北航线和西北航线的发现分不开的。直到 1913 年，由东北和西北进入北极的航线才得以打通，这是人类花费了 400 年时间取得的成功。回顾人类探索北极的历史，我们会看到，雕刻在冰山上的，不仅仅是人类触摸北极的足迹，还有先驱者一代一代感染后人的不屈不挠的毅力、坚忍不拔的精神和无所畏惧的勇气。

探寻西北航道

英国人被迫放弃打通东北航线的希望后，一位名叫马丁·弗罗比舍的英格兰商人兼航海家忽然对西北航道的探索又重新燃起了兴趣。他认为，既然麦哲伦能找到一条航道绕过美洲的最南端，那他就能找到一条通道，绕过美洲的最北端而到达中国。经过一番艰苦的努力之后，他终于得到了俄罗斯公司的赞助，于1576年春天率领两条小船开始了他的颇为有趣的航行。

▲马可·波罗

到达巴芬湾

1576年春天，英格兰商人兼航海家马丁·弗罗比舍获得伊丽莎白女王恩准，率领两艘船组成的探险队北上寻找通往中国的西北航线。他们驾驶着三桅帆船经过格陵兰岛南端，顶着刺骨的寒风继续向西北方向航行。海面上经常漂浮着碎冰，随着波浪的起伏撞击在木制的船身上，发出令人胆寒的轰隆声。就这样艰苦航行了若干天，探险队的两艘船终于穿过戴维斯海峡，进入一片一望无际的开阔水域。他们所到达的海域，就是40年后巴芬探险队发现并命名的巴芬湾。

到达茫茫的巴芬湾后，意志坚定的弗罗比舍队长并不惊慌，他依靠自己熟练掌握的六分仪，牢牢地控制着航船向西北方向前进，并确信300年前马可·波罗到过的中国就在前面不远的地方。果然有一天，桅杆上的瞭望水手兴奋地大喊大口叫："前方发现陆地！"全船的人都激动万分，弗罗比舍更是心潮澎湃，喜不自胜。

然而，在弗罗比舍的单筒望远镜视野中展现的"中国海岸线"，竟然也是冰峦雪峰，与马可·波罗的描述大不相同。更令人惊讶的是，在海岸附近的水面上，竟然有许多兽皮制的小船往来穿梭地划动着。划船的是一些身材矮小、相貌奇特的人。这些人皮肤是棕黄色的，长长的黑发直直地垂在肩上，鼻子不高，但比较宽。为了证实自己的成功，弗罗比舍指挥队员抓住一个"中国人"，并登上陆地采集了一些很像是金矿石的闪闪发亮的黑色石头，便调转船头，凯旋归国。后来，欧洲人才慢慢弄清楚，弗罗比舍抓住的"中国人"其实是生活在北极地区的北极土著人，是祖祖辈辈在冰雪世界里生活的爱斯基摩人。

西北航线第一批探索者

1500年，葡萄牙人考特雷尔兄弟，沿欧洲西海岸往北一直航行到了纽芬兰岛。第二年，他们继续往北，希望寻找那条通往中国之路，但却一去不复返，成了为"西北航线"而捐躯的第一批探索者。

攫取金矿

在他们回来的纪念品中，有一块黑亮的石头，经专家分析表明，每吨矿石含有7.15英镑的黄金、16英镑的银，去掉大约8英镑的运费和10英镑的提炼费，纯利润高达5英镑多！结果，对西北航线的探测变成了一场黄金冲击。

不等春天的到来，弗罗比舍便组织了第二次考察。弗罗比舍自然成了首领。与此同时，一个金矿公司诞生了，即中国公司。伊丽莎白女王也动起来了，她虽把这块新发现的土地叫作富产的未知地，却悄悄地购买了中国公司的股票，并于1577年春天弗罗比舍的3艘船离开英格兰之前，特许弗罗比舍吻了她的手。

当他们重新到达原来的地方时，却再也找不到核桃大的金块了。不过，皇天不负有心人，他们在附近终于发现了一个大金矿，不仅地上的砂子都闪闪发光，而且连山头悬崖都金碧辉煌，似乎到处是金子。就这样，他们载着200吨矿石凯旋。

紧接着，他又组织了第三次航行：共15艘船，满载着100多个移民及他们的房子和财产。他们计划要在那里建个码头，开拓一片殖民地，把大英帝国的版图扩展到冰冻的美洲北部。这也是英格兰历史上向外迈出的最勇敢的一步。因此弗罗比舍不仅成了海军上将和船队司令，还得到女王的嘉奖。1578年5月31日出发之前，每位船长都荣耀之至地亲吻了女王的手。

而一离开格陵兰岛，船队便遇上了大风，刮来的冰块不仅阻塞了航道，还把满载着越冬房屋的部件、移民财产和家具的三桅帆船挤破并沉入海底。船队也被暴风吹散。大风过后，他们徘徊了几天，只好装上几船矿砂，悻悻地踏上归途。

回到英格兰码头，卸下的"金矿石"被分发到许多人的手中，但是没有一个人——甚至连世界上最权威的专家——能从这些矿石中发现一粒黄金。16世纪英国的伟大海外探险以全面失败而告终：弗罗比舍所发现的"海峡"并不是一条海峡，而是一个海湾；"金矿石"里并未含有半点黄金。可怜的弗罗比舍先生被嘲笑成"愚人金"的倒霉发现者。三次有声有色、轰轰烈烈的北极航行以对西北航道的探索为开端，却就这么莫名其妙地结束了。

▼北极熊

三探西北航线

弗罗比舍的失败并没有使英国人完全泄气，西北航线仍然出现在各种地图上，激励着人们进一步去努力。1585年，一家新的公司应运而生，这就是西北公司。这家公司选中的首席航海家是约翰·戴维斯。就那个时代而言，戴维斯也许是一个最为光辉的典范。他虽然只是个水手和探险家，毕生献身于航海事业，但他能利用一切时间，从事写作和改进、完善观测仪器。所以他的航海记录准确无误，为后人树立了很好的榜样。

第一次探索西北航线的航行

1585年7月的下半月，戴维斯航行到格陵兰岛东南沿岸。由于弗罗比舍在地图上标出许多混乱不堪的符号，戴维斯不敢承认这是格陵兰岛，因而认为这是另外一个新岛。他在这里看到了陆地上覆盖着白雪，岸边的海水被冻得死死的，到处是冰块。他还感到，岸边的冰块发出了低沉的响声。海水的颜色又黑又浑浊，像一片停滞不动的泥潭。所以戴维斯把这块陆地称作"绝望之地"。

在此以后，他又向西北航行（这样，他已经绕过了格陵兰的南角），沿着格陵兰的西岸行驶，并在北纬64°线附近发现了一个优良的港湾（即现今的戈德霍布港）。戴维斯在那里遇到了一些爱斯基摩人，并与他们进行了不通语言的以物易物的交易。

8月初，戴维斯驶进大海。这时海上已经没有冰块了，于是他驾船继续朝西北方向行进。他航行了600多千米路程，在西边已经快要接近极地圈的陆地了，然而戴维斯认为，他向北走得太远了，于是他调整航向朝南返回。他沿着一片陆地（巴芬地）异常弯曲的海岸线向南航行，驶进了一条十分宽阔的海湾（即现今的坎伯兰湾），这个海湾把他引向西北，从而深入到这个地域的腹地。他继续朝这个方向行进了几十千米，海湾好像没有尽头，但是变得越来越狭窄了，这时戴维斯认为，他已经找到西北通道了，他带着这个令人振奋的消息急忙回到英国。

◀英国商业探险公司组织的探险队

第二次探索西北航线的航行

1586 年，戴维斯率领三艘船再次来到北纬 64°附近的那个海湾。这一次他费了九牛二虎之力才穿过冰块区，航行到对岸的陆地边（巴芬地），但是却无法驶进那条"海峡"。戴维斯沿一块巨冰的边缘航行了将近两个星期，天气变了，在寒冷的迷雾中船帆和航具上结了一层厚厚的冰，船员们怨声载道。戴维斯把两艘船派了回去，他乘第三艘船在浓雾和冰块之间继续向前航行。8 月初，他在极地圈附近又碰见了一块陆地，于是他沿这块陆地的海岸向南航行。

戴维斯多次寻找通往中国的海峡，却始终未能找到，原因可能是严冰堵塞了海峡。在未航行到拉布拉多半岛以前，戴维斯一直朝着这个方向航进，在此他也没有发现哈得孙海峡。他试图在拉布拉多半岛的海岸登陆，但是爱斯基摩人打死了他的两个水兵。已经是 9 月了，戴维斯只好调转船头，返回英国。

▲约翰·戴维斯

第三次探索西北航线的航行

提供装备船只的伦敦商人当然对第二次探险感到十分失望，戴维斯既没有找到通往中国的航道，也没有带回任何有价值的东西。但是，戴维斯指出，他曾在那条"海峡"里发现了许多巨鲸，还在沿岸看到了数百只海豹。于是这些商人们再次装备了一支探险队，同时要戴维斯许下诺言：决不放过捕鲸和猎获海豹的机会。这次探险的主要目的当然是获取鲸油和海豹皮了，而发现西北通道的事已经降为第二等的事了。

1587 年，戴维斯再次在格陵兰的海岸边抛锚停泊。他把两艘船留在格陵兰的西南海岸边，并命令他们以最有效的方法掌握时机捕捉巨鲸，而他自己决定乘一艘小船继续寻找西北通道。起初，他沿格陵兰的海岸向北航行，这次他驶进了北极圈，并在北极圈内行进了很长一段距离，到达北纬 72°12′，他离开海岸线时已经到达北纬 73°。这里的冰块阻止了他，他又调转船头向西航进，来到了坎伯兰湾。

戴维斯驶出了这个海湾，返回格陵兰西南海岸附近的一个地方。按约定其余的船只必须等候着他，然而，这些船只早已返航回到英国去了。戴维斯忍受了缺粮断水的苦难，乘那条破烂不堪的小船直到晚秋季节才回到了英国。

▼戴维斯的象限仪

▼爱斯基摩人

欧亚东北航道

16 世纪下半叶英国人致力于寻找通往亚洲的通道。以水手和商人而闻名的荷兰一直饶有兴趣地关注着英国人的一举一动，并步其后尘，热衷于寻找从大西洋向北穿越北极通往亚洲的航道。在众多的航行中最著名的是与威廉·巴伦支这个名字分不开的航行。巴伦支是人类历史上最伟大的北极航海家之一。他曾在 1594 年、1595 年和 1596 年进行过 3 次试航，虽然每次都进入了北冰洋，但

▲巴伦支的探险队

前两次航行，他都被冰块所阻而被迫折返，但在第三次具有历史意义的航行中，他们不仅发现了斯瓦尔巴群岛，而且到达了北纬 79°30′的地方，创造了人类北进的最新纪录。

两次北极探险

1594 年 6 月，荷兰派出了一支由四艘船组成的探险队向北方进发。探险队的第一艘船是由阿姆斯特丹人巴伦支指挥的。他的指挥船不大，是一艘快艇。

在基利金岛附近（科拉河河口旁），这支探险队兵分两路：两艘船朝正东方挺进，航船行进到亚马尔半岛西岸的沙拉波夫沙州附近（位于北纬 71°）；巴伦支带领两艘船向东北航行，以便绕过新地岛的北部海角。他预测，在这个海角之外一定能够找到一片无冰的海域。7 月 4 日，他看到了朗厄内斯角（长角）。巴伦支驾船沿新地岛海岸向北继续航行，他发现了阿德米拉尔捷伊斯特沃岛。在此以后，他又穿过了一条把这个岛与新地岛分开的海峡。在北纬 75°54′附近的一个岛屿旁，这些荷兰人发现了一条俄国船的遗骸。

▼巴伦支越冬的小屋

此后，他在北纬 76°附近的水区又从十字架岛的一旁驶过。荷兰人在这个海域第一次看到了海豹的栖息地和白熊。

7 月 13 日，他们遇到了大量的巨冰，因此航船向北推进的速度非常缓慢。在大雾弥漫的天气里，他们行进到一片冰原，但是他们对其表面一点也看不清。这时，巴伦支测定了一下纬度，他现在已经航行到北纬 77°15′。在

16世纪里，没有一个西欧的航海家曾经向北行进到这么远的海域。为了穿过冰区，他的航船迂回航行了整整两个星期。7月29日，巴伦支在北纬77°附近发现了新地岛最北部的一个海角，他把这个海角命名为冰角。船员们再不想继续航行了，于是巴伦支决定返航。9月，这支探险队的全部船只回到了荷兰。

第一次远征激起了荷兰议会的兴趣，它于1595年出面派遣远征队，目的是不仅要找到新航道，而且要出售不同的荷兰商品。这样，1595年6月18日，7艘帆船从阿姆斯特丹出发，绕过斯堪的纳维亚半岛，到达瓦加奇岛，但是逆风和浮冰使他们无法通过喀拉海，荷兰人只好打道回府。

第三次北极探险

1596年5月10日，在阿姆斯特丹商人们的帮助下，巴伦支指挥着三艘船又开始了第三次探险。这次他大胆地设想：通过北极前往东亚。他朝正北航行，一个月后发现了一个岛，因为在岛上看见了一头北极熊，因此将其命名为熊岛。熊岛其实并不是北极熊的聚居地，除少量北极狐外也无其他种类的动物，岛上植被以苔藓和地衣为主。

6月19日，水手们再次看到了陆地（西斯匹次卑尔根群岛），沿着其西侧航行，直到北纬79°30′。巴伦支误把西斯匹次卑尔根群岛认为是格陵兰的一部分。巴伦支最后几乎到达了北极圈，是完成这一壮举的欧洲第一人。

▲这幅画描绘了巴伦支1595年的航行中失事船员在新地岛的情景

在熊岛附近，三艘船被浮冰分开，巴伦支在寻找另外两艘船时，航行到新地岛，这次他成功地绕过新地岛的最北端，准备前往瓦加奇岛。然而不幸的是，巴伦支的船被浮冰撞毁，他和水手们被困在新地岛，被迫成为第一批在北极越冬的欧洲人。

巴伦支和水手们盖了一间木棚，并掘洞来过冬。陋室中央所生的火抵挡不住北极的严寒，穿在身上的衣服在背部都结了冰。他们不得不设法宰杀北极熊和海象来充饥，但他们的食物储备很快耗尽。当时的天气非常寒冷，他们只有把手指头伸进嘴里才能保持温暖，但只要手指一露出来立刻就冻成冰棍。他们还经常受到北极熊的袭击。探险家们有3个月没有看到太阳。第二年春天来临后，他们决定修复两艘海难时抢下来的救生小船来逃命。

1597年6月，十几名幸存者通过了一段冰海，在新地岛南端遇到了俄罗斯人，幸运地获救。巴伦支在返回荷兰的航程中去世。

白令找到阿拉斯加

18世纪20年代，地理大发现的时代已接近尾声，但人们对于亚洲东北部和北美西北角是否相连仍不是十分清楚。探险家们为了考察北美洲与亚洲之间的那片未知的神秘世界，前赴后继，最为悲壮的是俄罗斯探险家维特斯·白令，他曾两次探险到白令海域，并为此付出了生命的代价。

▲维特斯·白令

第一次探险

因为严酷的气候，阿拉斯加差不多是最后一个被欧洲人绘入版图的地方。它的发现得益于彼得大帝的临终遗愿，这位雄心勃勃的帝王已将疆土扩张到了堪察加半岛，整个西伯利亚尽入俄罗斯版图。但是，这块大陆延伸到什么地方？是否与美洲大陆相连？俄国还有多少扩张的余地？他需要一个人帮他解开答案。这个幸运的差使，落在了热爱冒险的维特斯·白令身上。

白令出生于丹麦一个清贫的家庭，从小就对大海充满了幻想。此时，他正在俄国海军服役，已经44岁了。根据彼得一世的指令，他必须带领船队沿着堪察加的海岸线向北航行，以期寻找到与美洲接壤的那块陆地，而且要亲自登陆，并把那条陆岸线标在地图上，然后才能返回。

1725年2月5日，白令奉俄国彼得大帝之命，率领250多名探险队员从圣彼得堡出发了。他们花了两年的时间，穿越人迹罕至的大西伯利亚地区，到达鄂霍茨克。

1728年7月13日，探险船载着探险队员们，在欢呼声中滑过航道，冲向渴望已久的海洋。到了8月份，强劲的西风夹杂着暴雨和浓雾，开始频频光顾白令的船队。8月16日，他们已经来到北纬67°18′、西经163°7′，这是白令此次探险所到达的最北端。迷茫的浓雾使他们辨不清周围的景物，白令下令返航。遗憾的是，当时正值大雾弥漫，白令没能从那里看到相距仅80千米的北美大陆。

考察船穿过白令海峡继续向南驶去，不久抵达圣劳伦斯岛，进入太平洋水域。在今天的世界地图上可以清楚地看到，把北美洲与亚洲分开的那条窄窄的水道，鲜明地标示着"白令海峡"。白令的考察船9月2日到了堪察加半岛。翌年夏天，按沙皇的指令在堪察加半岛的东岸进行了考察，获得了大量宝贵的资料。

▼西伯利亚的伊尔库次克，白令的出发地点

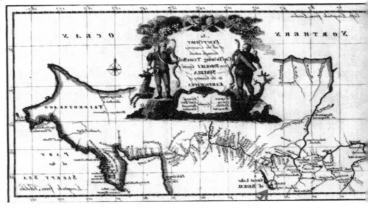

1730年3月，白令回到了阔别5年的圣彼得堡。没有鲜花，没有掌声，白令深深地感叹世态炎凉，并期待着能再次扬帆出海，了却那未尽的心愿。

第二次探险

1733年，白令再次受沙皇派遣对俄国东部海域进行探险考察。年初，庞大的探险队伍分批离开圣彼得堡。3月8日，白令直接率领的600名人员开始向西伯利亚的河川和沼泽冻土带进发。一路上，黑蝇嗡嗡扑面，咬得人无片刻安宁，四野苍茫，寒气袭人，路途上人员和马匹随时都有陷进沼泽中去的危险。探险队经过勒拿河上的老城雅库茨克，1738年夏天到达沿海的鄂木次克。在这里，白令用了两年时间特制了两艘长约24米的木帆船"圣彼得"号和"圣保罗"号，从此开始了正式的海上探险。

白令把船队开进阿瓦查湾，在一个叫彼得罗巴甫洛夫卡的小村子度过了1740年的冬天，在第二年解冻后的6月4日启航。两只船前后相随，相互以旗语和鸣炮保持联络，距离近时则用喇叭相互喊话。海上突然起了大雾，两只船在大雾中周旋了好一阵子，最后还是由于无法联络而失散了。白令在海上探寻了好几天，也没找到"圣保罗"号。

白令的"圣彼得"号单独在浓雾中航行，它继续向东北方向驶去。后来云消雾散了，船员们高兴地看到远处阿拉斯加的圣厄来阿斯山，他们激动万分，在甲板上欢呼雀跃，渴望的目的地就要到了。

9月，坏血病开始在船员中蔓延，白令下令返航。返航途中遇到坏天气，船只都无力控制，只得任其在茫茫的大海上随波逐流，时东时西，忽南忽北，后来船只竟然被漂至岸边，这种漫无方向的漂流才算结束了。探险队被困在一个严寒荒凉的地方，他们只能在这里安顿下来。白天他们在附近的小溪里汲回淡水，用棍子打回几只松鸡，偶尔赶上好运还能捕到几只海獭，以此艰难度日。

即便如此勉强支撑，情况也越来越糟，船员纷纷病倒，不断地有人死去。白令早已衰弱得无法站立。这一年的12月8日早晨，心力交瘁的白令死在了这个小岛上。剩下的船员于第二年返回。

白令之死

1741年11月5日，白令的船漂泊到科曼多尔群岛的一个无人居住的小岛上。船员们利用一些漂来的木头建成简易住室。白天他们在附近的小溪里汲回淡水，用棍子打回几只松鸡，偶尔赶上好运还能捕到几只海獭，以此艰难度日。即便如此勉强支撑，情况也越来越糟，船员纷纷病倒，不断地有人死去。由于谁也没有力气把死尸搬开，往往是死人、活人躺在一起。这些死尸还引来成群的狐狸，它们到处悲鸣，叼走东西，啃食死尸，对活着的人是个很大威胁，为此，体弱不堪的船员还得硬撑着去驱赶狐狸。白令早已衰弱得无法站立。风沙不断地吹进洞来，白令躺在洞中，沙子盖住他的大半个身子，只有双手和头露在外面。船员们想帮他把身上的沙子扒开，他却直摇头，因为埋在沙子里还能暖和些。1741年12月8日晨，这位两度征服白令海峡的探险勇士，悲惨地、默默地去世了。船员们把他埋葬在岛上，这个岛现在称为"白令岛"。

北极探险史上最大的悲剧

▲英国海军部召开会议，组织搜救富兰克林

在征服北极的征途中，富兰克林事件，成了历史悬念。一个半世纪过去了，人们对于这一事件仍然迷惑不解。因为，129 名身强力壮的汉子，携带着足够 3 年以上食用的装备和物资，却一去不复返，并且无一生还，即使是在 19 世纪，如此惨烈的结局仍然是难以解释的。

神秘失踪

拿破仑战争结束后，英国在战争中发展起来的军舰和海军暂时无用武之地。于是，大英帝国海军部决定重新开始对北极地区的调查和探索，以显示一下自己在海上的霸主地位，并趁机扩大大英帝国的版图。为了鼓励新的努力，英国政府决定设立两项巨奖：2 万英镑奖励第一个打通西北航线的人，5 千英镑奖励第一艘到达北纬 89°的船只。

1844 年，英国海军部派出了两艘船，它们不仅装备有当时最先进的蒸汽机螺旋桨推进器，必要时可将螺旋桨缩进船体之内，以便于清理冰块，而且还装备了前所未有的可以供暖的热水管系统。为了万无一失，经过精心挑选，确定由具有丰富的北极航行经验的约翰·富兰克林爵士来指挥这次意义重大的探险，并给他选派了一个最有力、最干练的助手班子。

食人惨剧

1854 年，据爱斯基摩人说，富兰克林探险队曾发生了食人惨剧，因为他们看到在一些靴子里盛着煮熟了的人肉。地上的一些骨头被锯子锯开了，有些头盖骨被敲开了，附近尸体上的肉都被小心地剥了下去。人们并不相信，或者说没有勇气相信这样的事实，但这样的事实被后来的证据证实了。1981 年 6 月，一个搜救小组经过仔细的搜集，在威廉王岛的南岸海滨找到了 31 块人的骨骼，散布在一个石头窝蓬遗址的四周。经过仔细研究和分析表明，这些骨头属于同一个人体，年龄约在 22 ～ 25 岁之间，是一个青年男子。从保存得比较完好的那些骨头的凹凸不平的表面可以断定，在死前的几个月里，这个可怜的年轻人确实受到坏血病的折磨。然而，更加严酷的事实是，在一根腿骨上他们发现了 3 条相互平行的刀痕，再加上骨头都残缺不全，显然是被人为地肢解过的，于是只能得出这样的结论，即当时确实有人以同伴为食。

1845 年 5 月 19 日，富兰克林率两艘船只，共 129 名船员，沿泰晤士河顺流而下。到 7 月下旬，有些捕鲸者还在北极海域看到了富兰克林的船队，但是，自那以后，他们便消失得无影无踪，与外界永远失去了联系。

全面搜救

从 1848 年后的十几年里，共有 40 多个救援队进入北极地区，其中有 6 支队伍从陆上进入美洲北极，34 支队伍从水路进入北极地区的各个岛屿之间，展开大面积搜索。

1854年，克里木战争爆发，吸引了公众的注意力，人们对富兰克林命运的关注渐渐地淡漠下去了。这年3月，海军部将富兰克林等129人从海军人员名单中删除了，他们认为，这些人肯定都已经死去。

但是，富兰克林的妻子对此却提出了抗议，因为她坚信，自己的丈夫还活着，坚决要求海军部继续努力。遭到拒绝之后，她倾其所有，买了一条蒸汽轮船"狐狸"号于1857年再次进入北极地区搜索。

1859年5月，搜救队终于到达大鱼河地区，只见那里尸骨成堆，遗物遍地，从枪支到设备，从餐具到衣服，散落在雪地上。有的尸骨已被肢解，七零八落，而有的还相当完好，穿着整齐的制服。那情景令人毛骨悚然，阴森恐怖。后来，有人在附近发现了一个用砂石堆成的土堆，从里面挖出了富兰克林探险队所留下的唯一一张纸条，写于1847年5月28日和1848年4月25日。其中，一段文字明确地记载了富兰克林爵士已于1847年6月11日死去。

失踪真相

1859年，一个叫利波尔德·麦克林托克的船长在距布西亚半岛不远的威廉国王岛上发现了一条当年探险船上使用的救生艇，艇中装有死人骨骼。而且，在救生艇附近，麦克林托克发现破碎的尸骨散落在四周。

麦克林托克注意到一件不寻常的事情：这群走投无路的水手拖着小艇逃难时，在

▲救援队正在搜救富兰克林

艇中塞进了半吨多重的奇怪货物：茶叶、银制刀、叉和匙、瓷器餐具、衣物、工具、猎枪和弹药，偏偏没有探险船上储存的饼干或其他配给食品。都是些不能吃的东西——除非把人体也算进去。

把搜集到的所有证据拼凑起来后，人们可以清楚地看出，富兰克林探险队悲剧的过程大约是这样的：1845年7月以后，探险工作进展得似乎很顺利。他们曾发现了大片无冰的水域，往北航行达北纬77°。但因任务是往西，所以便停止了前进而掉头往西，沿途考察了陆地沿岸，并在比奇岛建起了越冬基地，度过了第一个冬天，其间有3个人死去，尸体就埋在比奇岛上。

在第一个工作季节中就取得了如此大的成绩，这是以前任何考察都无法比拟的。但他们显然并不满足于现状，而是继续追求着更加远大的目标。在短暂的北极夏天里，他们趁再次被冻住之前的时机，又行驶了350千米。1846年9月，探险船在布西亚半岛西边被冻住，直到1847年的6月。可是，在这一年的夏天，浮冰没有像预期的那样解冻，于是，探险队陷在冰窟中无法动弹了。更糟的是，所携带的食品有一半已霉烂变质，无法食用。他们曾希望船只可以和浮冰一起往西漂流而自动进入太平洋，后来却失望地发现，这纯粹是一种幻想，实际上是不可能的。

横贯北冰洋的黄金航道

　　富兰克林的悲剧之后，人们对西北航线一度失去了热情，英国和美国的注意力主要转向对北极诸岛屿的地理考察和争相到达北极点的竞争。但对东北航线，人们并未忘记。随着欧亚大陆以北一系列岛屿的相继发现，如何打通东北航线的轮廓似乎也就愈来愈清楚了。最后，这一殊荣终于落到了诺登舍尔德身上，是他首次开辟了横贯北冰洋的黄金航道，在人类探险史上谱写了光辉的一页。

试航到叶尼塞河入口处

　　1831 年，诺登舍尔德出生在芬兰，其父是一个非常有名的科学家。那时候，芬兰还是俄国的一部分。他在 20 多岁时，由于激进的活动而被驱逐，被迫移居到斯德哥尔摩，成为瑞典人，并开始对北极感兴趣，后来成为诺登舍尔德男爵。

　　1858 年，诺登舍尔德第一次参加北极探险，前往巴伦支海和格陵兰海之间的西斯匹次卑尔根群岛进行极地勘察。10 年后，他率领一支北极探险队到达北纬 81° 41′ 的地方，这是当时航海家所能到达的极北点。初次的胜利，使他对打通东北航线的信心倍增。

　　瑞典有个富商叫奥斯卡·迪克森，他深知开拓东北航道的商业价值，不惜一掷千金，多次赞助诺登舍尔德的探险活动。在他的财力支持下，1875 年，诺登舍尔德乘着迪克森的大型新帆船一举穿过喀拉海，停泊在叶尼塞河入海口的小岛附近，发现对岸有个深水避风良港，就用迪克森的姓氏命名小岛和港口。翌年，他利用俄国商人的资金租了一艘蒸汽轮船，首次把一批外国货物运到叶尼塞河入口处。这在历史上是破天荒的重要事件，因为它又把航道向东方推进了一大段。

"维加"号被冻结

　　1878 年 7 月 4 日，天高云淡，微风吹拂。"维加"号蒸汽船在哥德堡港的一片欢呼声中，鸣笛启航了。诺登舍尔德正值年富力壮之时，此时离他首次北极探险已隔了整整 20 年。

　　诺登舍尔德对这次航程进行了周密的策划，设想了各种可能出现的情况及其对策。他充分意识到了孤船远航的危险性，让一艘较小的"勒拿"号在途中的尤戈尔海峡接应同行。两船会合之后，在几艘运煤补给船的尾随下抵达迪克森港。

　　8 月 10 日，"维加"号和"勒拿"号姐妹船又从迪克森港双双起锚东行。补给船这次全部留下。8 月下旬，他们顺利地绕过亚洲的最北端——切留斯金角。经过数天的暴风雪袭击，仿佛老天爷也被他们的真诚所感动，天空一片晴朗。西北风吹送着扬帆挺进的航船，沿着泰梅尔半岛东南海岸线很快便到了勒拿河入

"维加"号

　　诺登舍尔德驾驶的探险船是"维加"号，这艘橡木蒸汽船在德国定做，有 3 条高耸的桅杆，载重量 357 吨，船长约 43 米，配置 1 台约 44 千瓦的蒸汽机，其性能大大超过普通的帆船。船上全班人马，从水手、医生到考察队员共 30 人。

▲在这幅肖像中，诺登舍尔德看起来像一个十足的征服北极的英雄

海口。"勒拿"号由于航速较慢，使"维加"号也放慢了速度。为了在封冻期之前冲出白令海峡，成了包袱的"勒拿"号只得就地留下。"维加"号决定孤船全速前进，铤而走险。

起先似乎一切都很顺利，西伯利亚海岸在他们的视野中徐徐地往西移去，到9月初，他们已经进入了楚科奇海，胜利在望，似乎已经望见了太平洋那浩瀚无冰的水域。然而，天气像是故意跟他们作对似的，9月28日，离白令海峡当年库克船长到过的北角只有193.1千米了，寒流突然袭来，气温骤然下降，广阔的海面很快结冻冰封，他们的船只却突然被牢牢地冻住，动弹不得。

打通东北航线

这场袭来的寒流，竟使"维加"号全体船员承受了长达9个多月的漫长等待而望洋兴叹。北极熊在"维加"号周围四处出没，死亡也时时威胁着探险队员。狂暴的风雪要把"维加"号撕得粉碎，思乡病吞噬着人们的心灵。就到白令海峡了！船员无不扼腕长叹。

附近就是楚科奇半岛。楚科奇在当地人那里意指"很多的鹿"。那里真是个野鹿成群的地方，海豹之类的海兽也不少。凭着节衣缩食、精打细算、狩猎为生，他们总算度过了种种难言的煎熬，终于盼到了解冻的日子。

1879年7月18日，"维加"号在船员们的欢呼声中张帆起锚了。橡木蒸汽船缓缓地推开飘浮的冰块，不可阻挡地驰向白令海峡。"维加"号顺利地行进在白令海峡，隆隆的礼炮声惊起了成群的海鸟。"维加"号终于打通北冰洋航道！

1879年9月2日，"维加"号抵达日本横滨。然后取道中国广州、斯里兰卡，穿越苏伊士运河和直布罗陀海峡，于1880年4月24日胜利地回到瑞典斯德哥尔摩，受到了万人空巷的热烈祝捷。

▶就在诺登舍尔德进入太平洋时，另一支美国探险队乘坐"珍妮特"号正在旧金山出发。图为"珍妮特"号沉入西伯利亚时，船员们在冰面上艰苦跋涉

南森证实北极是海洋

进入 19 世纪之后，人们知道了许多关于北极圈的知识，一批又一批的探险家们掀起了向地球北极冲刺的热潮。尽管这些探险家们取得了许多关于北极的实地考察资料，但对北极究竟是大陆还是海洋这个最基本的问题却无法定论。加拿大探险家帕里是乘雪橇探险北极的，所以在他眼里，北极是块陆地；而美国人霍尔却是乘船进军北极的，他当然认为北极不是陆地，而是海洋。北极是沧海，还是桑田？解答这个问题的是挪威的探险家弗里德约夫·南森。

北极光

"北极光在天穹下抖动着银光闪闪的面纱：一会儿呈黄色，一会儿呈绿色，一会儿又变成红色，时而舒展，时而收缩，变幻无穷；继而劈开成一条条白银似的多褶的波带，其上闪耀着道道波光，接着又光华全消。不久，天顶上可见微光闪烁，像几朵火苗摇曳，继而一道金光从地平线冲天而上，逐渐融入月色中……"这段关于北极光的文字描写来自探险家南森的日记。

探险准备

弗里德约夫·南森，出生在挪威奥斯陆附近的一个富有家庭里。年轻时攻读动物学，曾任过挪威卑尔根博物馆馆长。1888—1889 年他勇敢地完成了横跨世界第一大岛格陵兰的探险壮举，成为人类有史以来第一个成功横跨格陵兰冰原的探险家。

在探险格陵兰取得成功之后，他得到了充分的在极地附近生活的经验，同时也赢得了上至国王下至普通百姓的支持。

趁此时机，南森在 1890 年 2 月向伦敦地理学会提出了自己的建议——专门建造一

▼南森的"前进"号

只船，让其在西伯利亚的海面上封冻，然后向北漂移越过北极，这个航程约需 2～5 年。这一建议提出后遭到许多人的讥讽，认为他是拿自己的生命开玩笑，但由于南森在格陵兰探险中的神奇经历，还是有广大公众对他寄予厚望，于是他们纷纷解囊资助这次探险。当时挪威政府提供了大部分资金，公众捐助占三分之一多，甚至国王奥斯陆也为此捐款，这样一来资金问题很容易就解决了。

当时破冰船还没有问世，如何设计一条适合在冰海中航行的船就成了关键的问题。为此，南森苦心钻研，反复琢磨，终于设计并造出了一条特殊的北极考察船，取名为"前进"号。它长 38 米，重 402 吨，三桅纵帆，船壳内用木头，外层用铁皮加固。船的形状比较奇怪，船头、船尾和龙骨都做成流线形，船底呈半圆形。按照南森的说法，只有这样的船才适合极地

▲ 南森

航行，当冰块压过来时，船就会像鳗鱼一样挣脱浮冰的怀抱，而不会被冰压碎。

向北极区航行

1893 年 6 月 24 日，南森带着 12 个同伴从奥斯陆启程向北冰洋进发，船上装载了足够使用 5 年的供应品和够用 8 年的燃料。当时前往观礼的人成千上万，人们都把发现北极的希望寄托在它的身上。

经过约一个月的航行，"前进"号已从挪威的最北端绕过，驶上北极海域，一路上战逆风，劈恶浪，不停地向东驶去，在浮冰群中迂回了几个星期后，然后转向北极驶去。不久后，在远处海平线上透过海雾隐约地显出一条细长而致密的冰缘。南森从浮冰群中找到一个缺口，命令把船头朝向冰堆驶去，关掉发动机，以观动静，这就是考验"前进"号的时刻。

9 月 24 日，"前进"号已被厚厚的冰块围住了，浮冰之间夹有能迅速冰冻的融冰浆，处在其间的"前进"号随时都有被挤破的危险。浮冰块几乎每天都来以这种方式拜访"前进"号。船边垒积的冰堆几乎触及了桅顶，"前进"号就像是行进在一个冰的峡谷之中。

"前进"号在缓慢而艰难地行进，有时候甚至不知道它究竟有没有移动，探险队员们只有耐心等待洋流把他们漂送到北极，他们也只得安下心来读书、唱歌、打牌；天气晴

▲在冰海中航行，浮冰是非常可怕的，如何设计一条适合在冰海中航行的船就成了关键的问题。为此，南森苦心钻研，反复琢磨，终于设计并造出了一条特殊的北极考察船，取名为"前进"号

好时则到冰上打猎，捕捉北极熊。他们根本不像是探险，而更像旅游，路上的每一个美丽的去处都让他们惊叹不已，尤其是美丽壮观的北极光，更令他们神往不已。在船被封冻期间，船员们的主要工作还是认真地进行各项考察项目。每四小时就记录一次天气数据，隔一天进行一次天文观测。他们还测量海洋的温度、盐度、深度和洋流，从海底挖取样品，仔细测绘"前进"号航线。

朝北极步行前进

随着前进号缓慢地移动，日子一天一天地在过去，他们就这样漂流了一年多。1895年3月，"前进"号已经漂流到北纬84°的海域。遗憾的是，船再也不能向北漂流了。南森为此忐忑不安，于是他向船员们提出这样一个大胆的想法，由他带一个助手离开"前进"号，用冰屐、滑雪鞋、狗拉雪橇和兽皮船从冰上直奔北极，然后再从北极向南走，其余的探险队员留在原地。他的计划得到大家的赞同，好几个人自愿要求陪同南森前进，南森最后只选定了一个预备役海军军官约翰逊做助手。

3月14日，南森和约翰逊离开"前进"号，在一望无际、似乎可以一直通到北极的平坦的冰原上疾驰。最初几天，他们前进的速度很快，如果保持这个速度，不久即可大功告成。然而好景不长，他们很快就陷入了由无数冰脊组成的迷宫。一堆堆冰砾布满了冰脊之间的通道，雪橇经常翻车，因而不得不花大力气把它们扶起来，甚至有时还要抬着它们翻越冰包，狗有时拉着沉重的雪橇翻越高耸的冰脊显得特别吃力，他们只得从雪橇上下来帮狗一起拉。在这连绵不断的冰石流中前进，连神话中的巨人也会被累垮。他们步履艰难地前进着，经常在滑行中睡着，脑袋一沉，猛地撞在自己的滑雪鞋上才被惊醒。

4月8日，他们到达了北纬86°13′的地方，这里距离北极已不到400千米了。可是冰山挡住了他们的去路，无法逾越，他们只好带着遗憾返

▲南森头像

回。南森回头向北极方向深情地看了一眼，嘴里喃喃地自言自语："不知什么时候还能再来一趟。"他的愿望被后来美国一个探险家皮尔里实现了，但那已经是十几年后的事了。

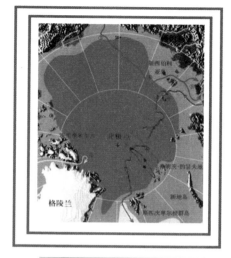

▲ 南森的航行线路（图中的红线）

死里逃生

在回去的路途上，他们时而驾雪橇奔驰在冰原上，时而划着兽皮船漂流在冰海中。每当他们看到面前的冰原是一个杂陈着无数冰脊、冰巷、冰砾和巨冰块的走不通的迷宫时，他们的心都凉了，认为看到的是无数突然冻了的巨浪，看起来除非是插上翅膀才可以前进，值得庆幸的是最后总还是能找到一条路。

时间进入 5、6 月，北极区短暂的春天开始了，随着午夜的太阳在天上越升越高，气温也越来越高，可是麻烦却越来越多，覆盖在冰上的新雪由于气温升高都化为深可及膝的雪浆，使行进更加艰难。在缓慢移动的冰块之间，有时会出现数英里长的裂缝，继之又冻结成冰，它的厚度不足以支持雪橇的重量，却能把兽皮船割成碎片，他们只有望之兴叹，无可奈何地绕道而行。

食物逐渐缺乏了，饿狗开始啃吃所有能吃的东西，南森只好把一些弱狗杀掉，给其余的狗充饥。不久出现了一些好的征兆，有时可以在冰上发现北极熊的足迹，甚至还可以打死一头北极熊来补充食物储备。

寒冷、饥饿、恐惧，就这样，南森和约翰逊在荒无人烟、冰天雪地的北极度过了一年多的时间。

1896 年 7 月，衣衫褴褛、疲惫不堪的南森和约翰逊正行走在冰原上。忽然，约翰逊拉住了南森，有些紧张地说："听！那是什么声音？"南森侧耳倾听。"是狗叫声？不可能！"南森也开始激动不安起来。只见远处果真出现两只狗的身影，接着又出现了一个人影……

"杰克逊！杰克逊！"南森激动不已，狂奔着迎了上去。来人惊诧地看着这两个突然冒出来，而且会说话的"怪物"，有些不知所措。"我是南森啊，挪威的南森。咱们在伦敦地理学会上认识的，还记得吗？"

杰克逊几乎不敢相信，站在眼前的这位就是当年在地理学会上一语惊人、年轻气盛的南森！原来，这位杰克逊是英国的探险家，他也是到极地来考察的。不久，有一艘给杰克逊送给养的船来到这里，南森和约翰逊搭乘这艘船踏上了归程。

1896 年 8 月，南森和约翰逊奇迹般地回到了挪威。更让人惊奇的是，一个星期后，"前进"号也安全地返航。这时，距出发时间已有 3 年零两个月了！

在北极漂流过程中，南森搜集了大量的资料，在人类历史上第一次用不可辩驳的事实证实了北极不是陆地，而是冰雪漂浮的海洋。

皮尔里到达北极点

北极探险早在 15 世纪就开始了，400 多年间，500 余名探险家倒在了通往北极的征途上。然而，艰难险阻挡不住人们探索世界未知领域的决心和勇气，探险家们还是前仆后继，他们到达的地点距离北极点也越来越近。这些探险队在进入北极圈后，都未能战胜困难，找到北极点。直到 1909 年 9 月 5 日，美国探险家、海军上将皮尔里向全世界宣布，他于 1909 年 4 月 6 日踏上了北极点，在那万年冰峰上留下了人类的第一个脚印。

▲皮尔里

两次失败的北极探险

皮尔里原先是位工程师，后来参加了海军。他一直对极地探险怀着浓厚的兴趣，并广泛涉猎前人留下的探险记录，立志有朝一日，一定要踏上北极点。

为了实现征服北极的夙愿，皮尔里进行了多年的悉心准备。皮尔里首先两次横穿冰雪覆盖的格陵兰岛，以获得极地探险经验。1900 年，皮尔里到达格陵兰岛最北端。皮尔里从北极探险家的探险历程中，了解到要想取得成功，首先要获得丰富的极地生活经验。于是，1886 年，皮尔里来到格陵兰西部的一个爱斯基摩人的部落，在这里，皮尔里与爱斯基摩人结下了深厚的友谊，渐渐成为他们中的一员。后来，这些爱斯基摩人在帮助皮尔里顺利踏上北极点的征途中发挥了非常重要的作用。

当然，光有正确的提法和坚强的决心还是远远不够的，还必须要有强大的财政支持，于是他专门选了一艘"罗斯福"号船。这艘特别设计的船可以通过史密斯海峡的冰层一直航行到埃尔斯米尔岛的最北端。他在这里的哥伦比亚角建起了一个大本营，离北极点只有 664.6 千米。一切都准备就绪之后，便从这里派出几支先遣队，将必需的物资和食品运送到指定地点，这样就可以减轻主力部队的负担，以便保存他们的体力。这样，他们就可以从最后一个补给地点向北极点冲击。皮尔里不仅在居住方法、行进方式和衣服帽袜等方面都采用爱斯基摩人的办法，而且还直接雇佣爱斯基摩人为他驾驶狗拉雪橇，并沿途建造冰房子。

1902 年，皮尔里第一次下海，向北极进发，但行进 4 个多月，只到达了北纬80°17′的地方。第一次北极之行虽然失败了，但皮尔里积累了许多经验，他认识到生活在北部爱斯基摩

◀皮尔里的探险船

把星条旗插上北极点

在北极探险的早期，人们并没有把爱斯基摩人看在眼里，以为他们只是一些有待开化的民族。直到富兰克林的悲剧发生之后，北极探险者们才渐渐认识到要征服北极，必须得向爱斯基摩人学习。自豪尔开始，爱斯基摩人不仅给予历次的探险者以无私的援助，而且还加入了一系列的重要的北极考察，甚至献出了宝贵的生命，他们同样是功不可没的。无论是阿蒙森打通西北航线，还是皮尔里征服北极点，都得到了爱斯基摩人决定性的帮助。因此，在人类进军北极的历史过程中，爱斯基摩人作出了极大贡献。

人的生活方式是在北极生存的最好方式，同时，他在北纬80°附近建了几座仓库，为未来的北极探险积累物资。

在第一次试探失败之后，1905年他又发起了第二次冲击。这次他作了周密的计划，从装备到物资安排都很详细，一共带了200多条狗和几个爱斯基摩家庭，包括男人、女人和小孩子。这次努力虽然也失败了，但到达了北纬87°6′的地方，离北极点只差273.58千米，刷新了人类北进的纪录，征服北极点已是指日可待了。

把星条旗插上北极点

1908年6月6日，皮尔里仍然斗志不减，又一次率领一支探险队乘着"罗斯福"号船向北航行。皮尔里计划得很周密，因为他知道，自己已经54岁，年龄、精力和财力都不允许他有下次探险，所以此次行动，他只能成功，不能失败。

这一次的远行的确与以前有些不同。这时，由所有的赞助人组成了一个"皮尔里北极俱乐部"，专门协助他解决所需的资金问题。这次共有22个人，包括船长、医生、秘书和一直追随他的黑人助手亨森等。另外还有59个爱斯基摩人，还带了246条狗。9月初，"罗斯福"号到达了北极海域，并把所有东西都运到了哥伦比亚角的陆上基地。

1909年2月22日，巴特利特率领先遣队出发，3月1日，皮尔里率领突击队驾雪橇离开营地，沿着先遣队的足迹向北进军。在距离北极点还有246千米时，皮尔里赶上了巴特利特的先遣队，皮尔里让巴特利特带领大部分人马撤回基地。

胜利的曙光就在前头。皮尔里带上追随自己多年的忠实仆人亨森和4名爱斯基摩人，以极快的速度前进。4月5日，皮尔里一行已到达北纬89°25′。皮尔里兴奋地说："北极点已经触手可及，我们就要成功了！"他随即宣布就地休息，恢复体力。因为连续几天的突飞猛进，已使他们疲惫不堪了。

4月6日，皮尔里一行终于到达北纬90°，人类的足迹第一次骄傲地出现在这北极点上，征服了这片凶险莫测的冰雪世界。

▼当皮尔里向全世界宣布，他于1909年4月6日踏上了北极点时，一个名叫弗雷德里克的美国医生宣布，他在1908年4月21日已经到达北极。于是围绕着谁先到达北极的问题，展开了激烈的争论

189

第八章

人类要登天入海

　　自人类的智慧和理性思维发展到有足够的能力去认识周围的世界时，人类对自己的近邻月球产生了浓厚的兴趣。几千年来，有关月球的种种神话传说在地球的各个角落传诵，人类幻想着有一天能真正登上那谜一样的地方。随着文明的发展和科技的进步，人类向这个目标一步步挺进。16世纪时，中国明朝有个人乘着自制的"金龙"，在震耳欲聋的一声巨响中，"金龙"升空，虽然其以身相殉，却揭开了人类冲向太空的历史一页。

　　历史发展到20世纪，人类探险的脚步开始步入太空。美国和前苏联的早期太空计划是人类迄今发起的最为雄心勃勃、耗资最为巨大的探险活动。但这些活动不过是20世纪人类向前迈进的很自然的一步，因为世界上大部分的疆域都留下了人类探索的足迹，未被涉足的地方已经寥寥无几，于是由政府支持的科学家和探险家们又开始征服最后的未知世界。电视报道追踪着每一个历史性事件的进程，从而使世界范围内的人们都能观看到人类踏上月球的第一步。

　　浩瀚无垠的大海，令人心驰神往，而它那幽暗的深处，更是充满无穷的魅力，人们一直在猜想，在这万丈深渊里，除了海底"龙宫"外，在这波涛浩淼的海底深处，还有哪些不为人知的秘密呢？为了探究深海的奥秘，从19世纪起，许多对深海秘密感兴趣的人就开始利用各种手段对海洋进行探察，经过一个多世纪的努力，人类逐渐对海洋的内部加深了认识，揭示了许多鲜为人知的秘密。

第一艘载人宇宙飞船

1961 年 4 月 12 日，苏联成功地发射了第一艘载人宇宙飞船"东方"号，尤里·加加林成功地完成了划时代的宇宙飞行任务，从而实现了人类遨游太空的梦想，开创了世界载人航天的新纪元，揭开了人类进入太空的序幕。苏联航天员加加林乘飞船绕地球飞行 108 分钟，安全返回地面，成为世界上进入太空飞行的第一人。

▲1961 年 4 月 12 日，苏联空军少校尤里·加加林成为第一个进入太空的人

"东方"号第一次绕地球飞行

尤里·加加林生于 1934 年，16 岁加入萨拉托夫航空俱乐部，23 岁被选拔为宇航员。1961 年 4 月 8 日，加加林从 6 名候选者中脱颖而出，科罗廖夫向他宣布："历史把光荣而伟大的任务交给你，你将成为世界上第一位遨游太空的宇航员。"

1961 年 4 月 12 日，科罗廖夫在发射平台上，对加加林说："你非常幸运，你将从太空往下看地球，我们的地球一定很美。"

世界上第一艘载人宇宙飞船"东方"号在苏联发射升空后，苏联莫斯科电台同时广播了一则消息："尤里·加加林少校驾驶的飞船在离地球 169 ~ 314 千米之间的高度上绕地球运行。飞船的轨道与赤道的夹角是 64.95°。飞船飞经世界上大多数有人居住的地区上空。"

这是人类第一次绕地球飞行，具有划时代的意义，同时也需要极大的勇气。1960 年 5 月，"东方"号原型卫星的减速火箭发生点火错误，使卫星在空间烧毁。第二年 12 月，再入密封舱进入错误轨道，并在大气层中燃烧，装在密封舱里的两条狗化为灰烬。不过这次载人却很成功，只发生了通话短时不畅、飞船返回时短时旋转等小问题。

宇航员加加林这时躺在飞船的弹射座椅上，他正从报话机里描述人类从未见到过的情景："我能够清楚地分辨出大陆、岛屿、河流、水库和大地的轮廓。我第一次亲眼见到了地球表面的形态。地平线呈现出一片异常美丽的景色，淡蓝色的晕圈环抱着地球，与黑色的天空

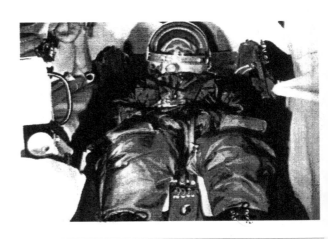

▶尤里·加加林被固定在东方号太空舱中，等待发射升空

▲东方号颠簸着陆，火箭在较高高度时，加加林被弹射出来，并将跳伞降落

交融在一起。天空中，群星灿烂，轮廓分明。但是，当我离开地球黑夜一面时，地平线变成了一条鲜橙色的窄带。这条窄带接着变成了蓝色，复而又成了深黑色。"

加加林安全返回地面

　　加加林划时代的飞行是在当地时间 9 点 07 分开始的，正好 108 分钟后绕地球运行了一周，他回到了自己的国土上。降落地点是斯梅洛伐卡村，村民们看到加加林头戴一顶白色的飞行帽，身着一套笨重的增压服时，惊讶得目瞪口呆。"东方"号飞船重约 4.73 吨，由球形密封座舱和圆柱形仪器舱组成。座舱直径 2.3 米，乘坐一名宇航员。舱外覆盖防热层，舱内有维持 10 昼夜的生命保障系统，还有弹射座椅和仪器设备。飞船再入大气层时，抛掉末级火箭和仪器舱。当座舱下降到离地 7000 米时，宇航员弹射出舱，由降落伞着陆。"东方"号飞船既可自控也可手控，它的轨道近地点为 180 千米，远地点约 222 ~ 327 千米，远行周期是 108 分钟。

　　加加林原为上尉军衔，飞船刚一升空，苏联国防部部长就签署了为他晋升少校军衔的命令。他返回市区的时候，成千上万的群众夹道欢呼，首都莫斯科的专机前来迎接，7 架歼灭机护航，大红地毯从专机舷梯下一直铺到为欢迎他临时修建的主席台前，国家的所有领导人都来到机场。科罗廖夫是飞船的总设计师。他与加加林长时拥抱，热泪盈眶。在 17 辆摩托车护送下，加加林乘敞篷汽车进入莫斯科，整座城市鲜花如云，礼炮轰鸣，数十万人欢迎这位宇航员的凯旋。

　　"东方"号宇宙飞船顺利返回地面后，苏联所有电台的播音员几乎在同一时刻激动地喊出加加林的名字。当时加加林母亲安娜的邻居恰巧在听广播，听到这则几乎不敢相信的新闻后，立即冲到安娜的家里，但由于过于激动，这位邻居的嘴里只喊出"尤里、尤里"，并示意让加加林母亲听广播。但安娜看到邻居的表现后却当场昏倒在地。家人和邻居立即将安娜送到医院抢救，安娜苏醒并知道尤里的壮举后才松了口气，她对周围人说，她当时看到邻居那样激动地喊加加林的名字，她脑子里只想到儿子驾驶的飞机可能失事了，因为她只知道儿子是飞行员，却怎么也没想到他会上太空。

首次登上月球

在 20 世纪 60 年代的美国载人航天活动中，最为辉煌的成就莫过于阿波罗载人登月飞行。早在 60 年代初，美国宇航局提出了"阿波罗登月计划"。经过 8 年的艰苦努力，连续发射 10 艘不载人的阿波罗飞船之后，终于在 1969 年 7 月 16 日发射成功载人登月的阿波罗 11 号飞船。

"阿波罗"计划

1961 年 5 月美国宣布："在 60 年代结束之前人类将登上月球，并且能平安返回地球。"于是便产生了登月的"阿波罗计划"。在 10 年时间里，美国耗资约 250 亿美元，先后参加这项工作的有 400 多万人，1200 多名专家、工程师和两万多家工厂、120 所大学，制造了推力强大的土星－5 号火箭和先进的阿波罗飞船，6 次将 12 名宇航员成功地送上了月球。

▲ 1969 年 7 月 16 日，在肯尼迪空间中心的发射场上，运载土星 5 号的火箭腾空而起，飞向太空

把人送上月球并安全返回，这是一件十分严肃的大事，尽管在阿波罗计划之前已经实施了徘徊者计划、勘测者计划，但仍需大量、细致的准备工作。因此在载人登月以前发射了自"阿波罗 1 号"至"阿波罗 10 号"10 艘试验飞船。

在准备过程中出现过不少问题，甚至是巨大的牺牲。1967 年 1 月 27 日在进行发射试验时，飞船内突然失火，仅几秒钟 3 名年轻的宇航员便被大火烧死，原来阿波罗的舱内不是普通空气，而是氧气，偏偏舱内又出现了电火花，于是酿成了这场悲剧。接受了这次教训，飞船装备又作了重大改进，整个计划推迟了一年。

▼ 1967 年 1 月 27 日，"阿波罗 1 号"在发射场起火，三名机组人员因吸入毒烟窒息而死

▼ "阿波罗 1 号"事故中丧失的三名宇航员：从左至右，格斯·格瑞萨姆、爱德华·怀特和罗杰·查菲

"阿波罗11号"升空

1969年7月16日，在肯尼迪空间中心的发射场上，巨大的土星5号矗立在发射架上，阿波罗傲然挺立在火箭尖端。

▲ "阿波罗11号"的三名机组人员：从左至右，内尔·阿姆斯特朗、麦克尔·柯林斯和艾德温·奥尔德林

发射前8小时15分钟，为火箭灌注燃料，这项工作进行了5小时，3名宇航员告别了朋友，提前2小时进入飞船。准备工作紧张地进行着，开始以秒倒计时出现这样的情景：10、9（点火），8、7（第一级火箭向下喷出红色火焰），6、5、4（火焰变成橘黄色），3、2、1、0（发射）！随着震耳欲聋的巨响，土星5号离开地面，徐徐升空，喷向发射架的水遇到近3000摄氏度的高温，立刻变成水蒸气，升腾而上，似火山爆发，在惊雷般的轰鸣声中，土星5号直冲云霄。

发射后2分40秒第一级火箭脱落，第二级火箭开始工作，它一面升高，一面向水平方向转弯，3分17秒甩掉紧急救生火箭，9分11秒甩掉第二级火箭，11分40秒第三级火箭熄火，阿波罗顺利进入被称为待机轨道的预定轨道。

飞船发射后并不是径直飞向月球、着陆，还要经过几次轨道变换。待机轨道，这是环绕地球的圆形的轨道，飞船发射后首先进入待机轨道，像卫星一样运行，"待机"的含义是：在这里对飞船进行各项检查，决定是否向月球进发，一切正常，在合适的时机进入"奔月轨道"，出现问题，便返回地球。"阿波罗11号"在待机轨道上运行一周半，地面控制中心指示"一切正常，向月球进发！"三级火箭再次点火，飞船越飞越快，以近11千米／秒的速度进入奔月轨道。奔月轨道，是一个椭圆形的人造卫星轨道，椭圆扁而长，远地点达到了月球的背面，飞船适时地由奔月轨道进入绕月球轨道。

"阿波罗"号飞船

"阿波罗"号飞船由指挥舱、服务舱和登月舱3个部分组成。指挥舱是宇航员在飞行中生活和工作的座舱，也是全飞船的控制中心。服务舱的前端与指挥舱对接，后端有推进系统主发动机喷管。主发动机用于轨道转移和变轨机动。姿态控制系统由16台火箭发动机组成，它们还用于飞船与第三级火箭分离、登月舱与指挥舱对接和指挥舱与服务舱分离等。登月舱是由下降级和上升级组成。下降级由着陆发动机、4条着陆腿和4个仪器舱组成。上升级为登月舱主体。宇航员完成月面活动后驾驶上升级返回环月轨道与指挥舱会合。上升级由宇航员座舱、返回发动机、推进剂贮箱、仪器舱和控制系统组成。

奔月旅行

奔月旅行开始了，行程384000千米，需要73小时，整整3天。要做的事情很多，首先是调整各舱的位置，登月舱在第三级火箭末端的贮藏舱内，向前依次是服务舱、指令舱（合称母船）。母船与登月舱分离，调转180度，回过头来再与登月舱对接，对接后将登月舱从贮藏内拉出来，与第三级火箭分离，第三级火箭完成了最后的任务，远离奔月轨道。然后"阿波罗11号"再重新调整好方向，把登月舱顶在

▲月球表面

母船头上，直奔月球。

第一天，"阿波罗11号"在漆黑的空间飞奔，速度越来越慢，进入奔月轨道后，速度已降到2.73千米／秒。因为飞船是在地球和月球之间飞行，它受到地球和月球的引力，前者使飞船减速，要将飞船拉回地球，后者则使飞船加速奔向月球，开始时飞船离地球近，地球引力起主要作用，飞船速度越来越慢，而月球的引力微不足道。随着飞行，地球引力减小，月球引力增大，在某一位置上两者平衡，只要在这一位置上飞船的速度不降到零，以后月球引力将吸引飞船向自己靠近，飞船速度会逐渐增大。发射后61小时40分，飞船到达地、月引力相等的位置，这时的速度最小，为0.458千米／秒。飞船一面飞行一面自转，就像在火堆上烤羊肉串一样，如果不转，向着太阳的一面温度会高达200摄氏度，而背着太阳的一面会出现－150摄氏度的低温。

第二天，电视直播开始了，在长达34分的时间里，电视详细地介绍了指令舱内的情况，人们清楚地看到了舱中的仪器、食品、咖啡、水果，看到了在失重状态下宇航员走动的样子，食品飘浮在舱中……这一切使地球上的人大饱眼福。风趣的柯林斯曾开了一个玩笑，他把电视摄影进镜头颠倒了180°，然后对着地球观众说："大家注意把帽子抓牢，我现在要把你们翻个个儿！"第二天的飞行结束了，宇航员的心脏、脉搏正常。

第三天，地面控制中心和飞船有一段有趣的对话。地面："过一会儿请把脏水倒到舱外去，……自转飞行有些不均衡，……如果有必要修正再进行联系。"飞船："明白。以后向宇航飞船两侧各倒一半脏水吧！"向舱外倒水会影响飞船飞行，甚至会发展到"有必要修正"的程度，这是怎么回事？很简单，在真空的宇宙，向舱外排放污物与火箭喷射气体的作用一样，会产生推力，改变飞船的运动状态，甚至会使飞船脱离轨道，造成严重后果。听起来令人发笑的事，却必须认真对待，所以提出来向两侧各倒一半污水的办法。

进入绕月轨道

在月球引力作用下，"阿波罗11号"越飞越快，离月球越来越近。为了使飞船在预定的时间、位置由奔月轨道进入绕月轨道，飞船的减速是非常关键的。地面中心收集着世界各地追踪基地、追踪站、追踪飞机、通讯卫星发来的数据，计算机不停地工作着，报告着飞船的准确位置、速度，指挥着飞船减速。指令舱驾驶员柯林斯双手紧握操纵杆，目不转睛地注视着仪表，如果计算机发生故障，要及时改成手操纵，登月舱驾驶员奥尔德林不停地大声报告着仪表上的数据……在发射后的75小时49分48秒，计算机发出命令"服务舱火箭逆向喷火"，飞船开始减速，当速度降到预定值时，计算机发出"停火"指令。

一切是那么的准确、顺利，"阿波罗11号"进入了椭圆形的绕月轨道，距月球最近只有114千米。

绕月两周后，服务舱火箭再次逆向喷火，飞船速度进一步降低。在一整天的绕月飞行中，进行着登月的各项准备工作。在绕月第11圈时指令长阿姆斯特朗和奥尔德林进入了被称为"鹰"的登月舱。7月21日2时40分，"鹰"与母船分离，但只是稍稍分离，保持着随时可以对接的状态，等一切正常后，"鹰"开始进行独立飞行，母船将像月球的卫星一样，在绕月轨道上等待着"鹰"的归来。"鹰"启动下降火箭进入椭圆形的下降轨道。

▲登上月球表面

在月球着陆

"鹰"和地面指挥中心的计算机紧张地工作着，使"鹰"保持着正确姿势和准确的速度，减速、下降、离月面越来越近。最严峻的时刻到了。下降发动机、小型制动发动机、着陆精密调节发动机（这些都是火箭）准确地工作着，速度过快会与月面发生撞击，若损坏了下降段的着陆支脚，"鹰"将无法返回地球。宇航员十分紧张，地面指挥中心的人也坐不住了，双方频频联络。清晨5时17分40秒，"鹰"在"静海"平衡着陆，成功了！

船长阿姆斯特朗首先走上舱门平台，面对陌生的月球世界凝视几分钟后，挪动右脚，一步三停地爬下扶梯。5米高的9级台阶，他整整花了3分钟！随后，他的左脚小心翼翼地触及月面，而右脚仍然停留在台阶上。当他发现左脚陷入月面很少时，才鼓起勇气将右脚踏上月面。这时的阿姆斯特朗感慨万千："对一个人来说这是一小步，但对人类来说却是一个飞跃！"18分钟后，宇航员奥尔德林也踏上月面，他俩穿着宇航服在月面上幽灵似的"游动"、跳跃，拍摄月面景色，收集月岩和月壤，安装仪器，进行实验和向地面控制中心发回探测信息。

▼"阿波罗11号"的机组人员降落在太平洋上

活动结束后，阿姆斯特朗和奥尔德林乘上登月舱飞离月面，升入月球轨道，与由科林斯驾驶的、在月球轨道上等候的指挥舱会合对接。3名宇航员共乘指挥舱返回地球，在太平洋溅落。整个飞行历时8天3小时18分钟，在月面停留21小时18分钟。时间虽然短暂，却是一次历史性的壮举。

深海探险纪录

20世纪30年代以前，关于深海的研究的确不多，这在那个自然科学大发展的时代是很少见的，不过终于还是有人开始了现代意义上的深海探索。为了进行深海探险，人类发明了载人到水下作业的潜水钟，后来又发明了能在海中遨游的潜水艇，可是由于受制于深海的高压，人们依然无法进入更深的海底。深海底下到底是怎样的一个世界呢？什么样的深水潜水器适合海底的探险呢？美国人查尔斯·威廉·毕比在1934年用深海潜水球创造了深海探险纪录。

博物学家毕比

毕比是美国博物学家。1877年7月29日生于纽约州布鲁克林；1962年6月4日卒于特立尼达的阿里马附近。毕比1898年毕业于哥伦比亚大学，1899年在布朗克斯纽约动物园参加工作。他对鸟类特别感兴趣，并建立了一个世界第一流的鸟类标本室。他从小就迷恋于儒勒·凡尔纳的书中所描述的种种神奇的旅行（早期从科学幻想小说中受到启发和鼓舞的科学家绝不止他一个），而后来，他又把毕生的精力投入到他自己的各种神奇的旅行中去。

毕比在第一次世界大战期间是一个作战飞行员。他曾周游世界各地，并根据自己的经历写了许多有趣的书。大凡现代的博物学家，从林奈到安德鲁斯，都是由于在地球表面四处奔走而扬名的，而毕比的主要名望却来自一次行程不到一英里的旅行，不过这是一次垂直纵深于地表之下的旅行。他之所以要深入海洋进行探索，是因为他对珊瑚怀有兴趣，一心想到珊瑚的家乡对它进行实地考察。

▼1934年，毕比乘坐他的球形潜水装置进入百慕大附近的大西洋深处。这位教授对深海世界非常惊奇，他后来写道："只有苍茫的太空本身才能与这神奇的水下世界相媲美。"

创造深海探险纪录

任何潜水员，不管防护得多好，只能够潜到海平面以下几百英尺的深度。潜水艇也强不了多少。而毕比则决定要建造一个用厚金属板制成的壳体，以强力来抗御深水的压力。为此，他不得不牺牲掉这个壳体的机动性，而让它悬吊在一艘浮在水面上的船舶底下（假如万一系在壳体上的缆绳断开，则一切都要全部完蛋）。这样一个装

▲毕比

毕比的下潜纪录

1930年6月6日，美国人毕比和巴顿钻进无动力的"进步世纪号"潜水器，由钢索吊放到海面244米的深度。5天后，他们又下潜到434米的深处。他们不敢再往下潜了，因为这时潜水器所承受的总压力已经达到了300万千克，这时只要玻璃窗有一点点碎裂，海水就会像子弹一样射进舱里，把人击毙！1932年9月22日，经过改进后的"进步世纪号"载着毕比和巴顿下潜到了677米的深处。1934年8月15日，已经57岁的毕比仍和巴顿搭档，利用配置了新设备的"进步世纪号"，来到了923米的海洋深处。这个纪录一直保持了15年，直到1949年，才被巴顿自己所打破。

有石英玻璃窗的钢壳开始建造了。在设计中，毕比的朋友罗斯福总统助了一臂之力。他针对毕比原先打算把外形搞成一个圆柱体的想法，建议把它改成了球形。

1930年，毕比和一位工程师奥迪斯·巴顿设计并建造了一个"探海球"。那其实就是一个空心的大铁球，带着两个小小的石英板观察窗，可以容纳两个人很"亲密"地待在里面。即使按照那个时代的标准，这个探海球的技术也是不复杂的。球体拴在一根长长的缆绳上，从船上放到海里去。球里面有最原始的呼吸系统——若球内二氧化碳浓度太高，他们就打开石灰罐子吸收一下，若水汽太重，就打开氯化钙罐子，有时为了加强效果，还要再用棕榈扇子扇扇。尽管粗陋，这个小小的探海球还真管用，1930年在巴哈马群岛的第一次下潜水中，他们下沉到了183米深处，1934年，他们把这个纪录提高到了900米以下。

在深海中，他们拿着一个250瓦的大灯泡兴趣盎然地从石英窗中向外面张望，也许外面的东西也兴趣盎然地张望着这个奇怪的大家伙和它明亮的眼睛中两个奇怪的影子。他们看到了漂亮的水母散发着闪烁不定的光芒，还有些外形惊人的鱼和难以描述的东西。然而漆黑的海底能见度实在有限，毕比和巴顿也并非是训练有素的科学家，结果他们回来后只能报告说下面有很多奇怪的生物。由于他们的描述实在很模糊，因此没有引起学术界的多少重视。毕比最终把他的下潜写成一本以海底探险纪事色彩为主的《向下半哩》。

毕比和他的伙伴创造了深海下沉的最深纪录，远远超过了半英里。经过30多次潜水以后，毕比认为这样的旅行科学价值不大，于是便终止了这种努力。但是，他却为皮卡尔发明深海潜水器开辟了道路，35年以后，这种深海潜水器潜入到更加惊人的深度。

◀1930年，毕比和一位工程师奥迪斯·巴顿设计并建造了一个"探海球"

▶从前，人们对海洋动物知之甚少，海员们的传说被渲染得非常离奇，比如说会有巨大的海蛇攻击船只

"鹦鹉螺"号穿越北极

自从发明舟船以来，人类的海洋探险活动都是在海面上进行的，不过，潜入海中探险、在水下航行的梦想也是由来已久的。虽然在 17 世纪人类就造出了潜艇，但这些潜艇都是常规动力的潜艇，有着很多的缺陷。人类历史上第一艘核潜艇"鹦鹉螺"号的名字来源于凡尔纳经典科幻小说《海底两万里》中描写的同名潜水船。1954 年，美国建造的世界上第一艘核潜艇"鹦鹉螺"号下水，美国总统艾森豪威尔参加了下水仪式。在贵宾席中有一位被誉为"核潜艇之父"的人，他就是这艘核潜艇的设计者海曼·乔治·里科弗。他面对着徐徐潜入水中的"作品"热泪盈眶。

初试潜航

"鹦鹉螺"号在服役之后并没有立刻出海值勤，而是停靠在码头旁继续进行建造与测试工作。直到 1955 年 1 月 17 日 11 时，它才正式启程出海。5 月 10 日，它开始往南行驶进行暖车，以完全潜航的方式自新伦敦航行到波多黎各的圣胡安，其中有 2223 千米的航程是在不到 90 小时的时间中完成，打破那时潜艇最长潜航距离与最快持续潜航速度（至少持续 1 小时以上）的世界纪录。

在 1955 年到 1957 年间，"鹦鹉螺"号持续地被用在增加潜航速度与耐久的调查研究方面。其性能上的重大突破，使得在第二次世界大战期间所累积起来、原本非常有效的反潜作战程序变得过时无用。雷达与反潜机这些一度被认为是反潜利器的设施，在面对一艘能持续以高速潜航、快速改变深度、又能待在水中非常久的潜艇，也显得作用有限。

1957 年 2 月 4 日，"鹦鹉螺"号突破 111120 千米的航行纪录，达到 19 世纪法国小说家儒勒·凡尔纳的知名科幻小说《海底两万里》中所虚构的同名潜艇所航行之里程。该年 5 月，它离开美国东岸前往太平洋岸参与"全垒打行动"，这是一个海岸演习与舰队演习行动，主要的目的是让太平洋舰队中的其他单位熟悉核动力潜艇的能力。

极地挑战

"鹦鹉螺"号

从 1948 年起至 1954 年底全部竣工，里科弗耗费了大量的心血。"鹦鹉螺"号核潜艇艇长 90 米，总重 2800 吨，全部建造花费 5500 万美元；平均航速为 20 节，最大航速 25 节，最大潜深 150 米，按设计能力可连续在水下航行 50 天，全程 3 万千米而不用添加任何燃料；潜艇外形为流线型，整个核动力装置占艇身的一半左右。

"鹦鹉螺"号在 1957 年 7 月 21 日返回母港——康涅狄格州的新伦敦，并在 8 月 19 日再次出海，开始进行它第一次、航程达 2226 千米的北极冰帽潜航。之后，它前往东大西洋参加北大西洋公约组织的演习，并且造访多个英国与法国港口，接受这两国家的国防相关人员登船检视。10 月 28 日"鹦鹉螺"号返回新伦敦，进行保养维修，并执行一些海岸任务直到来年春天为止。

▲人类历史上第一艘核潜艇"鹦鹉螺"号

1958 年 4 月 25 日，"鹦鹉螺"号再度启程前往美国西岸，新任的舰长是威廉·安德森中校。中途分别在加州的圣地亚哥、旧金山与华盛顿州的西雅图停靠之后，它开始了历史上著名的极地航行挑战，美国海军代号"阳光行动"。

"鹦鹉螺"号在 6 月 9 日离开西雅图港，并在 6 月 19 日进入楚克奇海（北冰洋的一部份），但却因为在浅海水域遇到太多流冰而被迫折返。6 月 28 日它航抵夏威夷珍珠港，并在那里暂停等待北极地区较好的海洋气象。7 月 23 日"鹦鹉螺"号出海北航，于 8 月 1 日时潜入巴罗海谷。在 8 月 3 日 23 时 15 分抵达地理北极，成为世界上第一艘航抵北极点的船只。

自北极点开始，它又继续在冰下航行了 96 小时，行程达 2945 千米，在格陵兰东北外海浮上海面，成功地完成以潜航方式穿越北极的任务。整个任务所需的技术细节都是由海军电子实验室的科学家们拟定，其中，来自该实验室的华尔道·里昂博士甚至亲自登船参与挑战，担任随船的科学总监与冰下领航员。

完成任务后，"鹦鹉螺"号由格陵兰岛前往位于英格兰的波特兰岛，并在那里获美国驻英大使约翰·惠特尼代为颁发的总统单位嘉奖勋表，这是美国有史以来第一次在和平时期颁发此殊荣。之后，"鹦鹉螺"号开始西行直到 10 月 29 日时返抵新伦敦的泰晤士河水道，直到年底都是以新伦敦为母港在附近海域操作。

▶深海鲨鱼

人类征服海洋

在人类直接进入深海探险的历史中，最重要、最精彩的事件发生在 1960 年 1 月 23 日。"的里雅斯特"号深潜器从太平洋关岛海域下潜到马里亚纳海沟的深渊 10916 米处，从而为人类征服海洋揭开了最壮丽的一幕。

▼ 1953 年，皮卡尔父子在"的里雅斯特"号深潜器上

TRIESTE

潜入深渊

那年，皮卡尔已经 76 岁了。他对自己设计的"的里雅斯特"号深潜器充满信心。自 1953 年与小皮卡尔一起探险以来，他对儿子的深海探险精神与技术也十分信赖。这一次，他决定由小皮卡尔和一位勇于探险的美国海军上尉沃尔什一起去实现这前无古人的深海探险伟业。实际上，皮卡尔心里很明白，这一次探险也是后无来者的，如果这一次探险成功，他的深海探险生涯将画上句号，也完全可能为人类直接的深海探险画上句号。

那天，正巧天公不作美，也许是苍天也在考验这艘已经被施放到太平洋马里亚纳海沟上方宽阔的洋面上的深潜器，洋面上掀起 5 米高的大浪，让人进退维谷。面对着这严峻的场面，38 岁的小皮卡尔此时深切地理解父亲常提起的"忍耐"的意义，更懂得今天深海探险的历史性意义。今天是他实现深海探险壮志的时候，也是实现他父亲毕生的追求，让父亲在有生之年看到他的梦想成真之日。小皮卡尔和沃尔什没有任何畏惧，他俩下了最大的决心，鼓着最大的勇气，抱着必胜的信念，一定要深潜到马里亚纳海沟的深渊去探个究竟！

上午 7 时许开始缓缓下潜。由于阳光在海水中很快衰减，不久深潜器就被黑暗笼罩。这两位勇士通过舷窗看到，在那没有阳光的世界里，呈现出众多的水下"繁星"。这种不

皮卡尔的"的里雅斯特"号

1951 年，皮卡尔带领儿子杰昆斯·皮卡尔来到意大利港口城市的里雅斯特，在瑞典有关部门的支持下设计他的第二艘深海潜水器。这艘深潜器长 15.1 米，宽 3.5 米，艇上可载两三名科学家。皮卡尔父子将它命名为"的里雅斯特"号。1953 年的一天，皮卡尔父子驾驶着"的里雅斯特"号潜入 1088 米深的海底。第二次在第勒尼安海，皮卡尔父子乘坐深潜器达到 3048 米深的海中，又一次创下了人类深海潜水的新纪录。同年 9 月，"的里雅斯特"号第三次载着皮卡尔父子在地中海下潜到 3150 米的深处。1955 年，美国海洋科学家乘坐"的里雅斯特"号遨游海底。1958 年，"的里雅斯特"号以高价转卖给美国海军。在皮卡尔父子的直接领导下，美国海军从德国购置了一种耐压强度更高的克虏伯球，建造新型的"的里雅斯特"号深潜器。1958 年，新的"的里雅斯特"号首次试潜就潜到 5600 米的深度；第二年又潜深到 7315 米。1960 年，美国利用新研制的潜水器首次潜入世界大洋中最深的海沟——马里亚纳海沟，最大潜水深度为 10916 米。皮卡尔父子实现了他们的最终梦想，成为深潜器设计最成功的人和传奇式的英雄。

时闪烁着的色彩缤纷的奇妙的光芒，让人百看不厌。这对小皮卡尔来说，已经不是新鲜事物，而是老相识了。也许这是一群会发光的微生物前来作向导，给"的里雅斯特"号导航指方向呢！

之后，一路下潜都很顺利。但下潜到9000米时，突然出现意外，舷窗外的玻璃"咔嚓"响了一下。也就是说，压力达到91兆帕斯卡时，玻璃出现了裂缝。小皮卡尔何尝不清楚，一旦玻璃碎裂，这区区生命必然会被压得粉碎。然而，他又十分自信，对父亲的设计十分信赖。小皮卡尔和沃尔什态度十分坚决，绝不因听到舷窗玻璃的"咔嚓"声而就此退缩，他们继续下潜。经过6个多小时的下潜，这艘重150吨的"的里雅斯特"号深潜器终于第一次把人类带到了世界大洋的最深点——马里亚纳海沟的深渊。

深潜器离大洋洋底只有5米，深度指示为11530米，该深度指示经订正后为10916米。读者们千万别小看这个数据，这是个什么概念呢？我们通俗地打个比方，即在人的大拇指指甲大小的面积上要承受1000千克以上的重量。按此计算，在该深潜器的总面积上所承受的重量超过15万吨！难怪当这金属制成的深潜器浮出水面后，它的直径竟被压缩了1.5毫米。

深海考察

在这没有太阳的洋底世界里，海水温度才2.4℃。这两位探险家在这里进行了20分钟的科学考察。他们亲眼看到了呈黄褐色的洋底土壤，这是硅藻软泥。他们原以为在如此巨大的高压环境下，任何生物已无法生存。然而在探照灯的照耀下，却发现了类似比目鱼的鱼在游动，这种鱼长约30厘米，宽约15厘米，身体扁扁的，眼睛微微突出。他们还看到了一些小生命在活动，其中有一只大约长2.5厘米的红色的虾，正在绕舷窗自由地遨游。

▲1960年1月23日，"的里雅斯特"号深潜艇正要下潜之前

这两位探险家证实了，在大洋深处，即使在世界大洋中最深的深渊处也绝不是寂静的世界，依然存在着生命。当然，这里的海洋生物已适应了深海的环境条件——黑暗、低温、高压。这些恶劣的条件，柔软的小生命竟能抗得住。这些海洋小生命的生态已具有特殊的适应性，无论是体色、视觉器官、肢体、骨骼、摄食器官、发光器及繁殖方式都有其独特之处。

小皮卡尔和沃尔什怀着胜利的喜悦，乘坐"的里雅斯特"号于16时56分漂出水面。返回到关岛后，美国海军派专机把这两位深海探险功臣接到美国。为了庆祝这一重大成就，华盛顿向全世界发表了正式文告，艾森豪威尔总统亲自给两位深海探险者授勋。

皮卡尔的深海探险，改变了人们对海洋，特别是对深海的认识，并使这种认识进一步升华，这是皮卡尔远远没有想到的。

"阿尔文"号屡建奇功

▲下潜中的阿尔文号

"阿尔文"号的下潜，真可以说充满了传奇色彩，它建成后不久就执行了一次很特别的任务——打捞氢弹。1977年，重建后的"阿尔文"号在加拉帕戈群岛断裂带首次发现了海底热液和其中的生物群落。两年后，又进而在东太平洋隆起的北部发现了第一个高温黑烟囱。20世纪80年代，"阿尔文"号又再次建立业绩，成功地参与了对"泰坦尼克"号沉船的搜寻和考察，也因此登上了美国《时代》周刊的封面。

打捞氢弹

1964年，"的里雅斯特"号从美国海军退役了，替代它的是被人们誉为"深海工作艇先驱"的"阿尔文"号。"阿尔文"号建成伊始，就下海100多次，把海洋学家送到黑暗而寒冷的海底世界，进行各种广泛而有趣的研究工作。

"阿尔文"号名声大振是1966年那次打捞氢弹的著名下潜。1966年1月7日，一架携带有4枚氢弹的美国B-52轰炸机，在西班牙帕洛马雷斯上空演习时，与担任加油任务的运输机发生碰撞，其中一枚氢弹落入了西班牙南岸浩瀚的地中海中，成为世界瞩目的事件。

氢弹沉没的海区水深达900米，潜水员根本无法长时间滞留在这样深的海底，更何况下潜搜寻氢弹。万般无奈之下，美国海军只好请"阿尔文"号出马。

"阿尔文"号达到指定海域后，随即开始下潜。当下潜到水下600米时，深潜器上的探照灯亮了，搜索开始进行。可是整整10天过去了，一无所获。

两个月后，"阿尔文"号再次下潜搜索，这次发现了蛰伏在海底的那枚氢弹。"阿尔文"号的机械手开始大显神通，把钢丝绳索绑在3米长的氢弹上，在水面打捞船的协助下，将那枚令人心悸的氢弹摇摇晃晃地拖出了水面。

▼准备下潜的阿尔文号

"阿尔文"号历险

有一天，"阿尔文"号正在600米深海作业，也不知什么原因激怒了一条箭鱼，这条2米多长的箭鱼以不可思议的速度向"阿尔文"号冲来，只听见"咔嚓"一声，"阿尔文"号猛地震动了一下，接着供电中断了。

船员们被这突然的袭击惊呆了。原来箭鱼穿透了观察窗下部的玻璃钢轻外壳，连头一起插入艇内，总电缆恰好被切断。"阿尔文"号受到重创，不得不紧急上浮。

"阿尔文"号再次历险是在两年后。1968年10月16日，"阿尔文"号停泊在离海岸220千米的海面上，那天风流很大，由于一位粗心的管理员没有及时关闭上部的出入口，汹涌的海水进入艇内，"阿尔文"号立即沉入海底。直到1969年8月28日，美国海军另一艘著名的深潜器"阿鲁明纳"号出马，才使"阿尔文"号重见天日。

"阿尔文"号

"阿尔文"号载人深潜器是目前世界上最著名的深海考察工具，服务于伍兹霍尔海洋研究所。它是20世纪60年代初根据美国明尼苏达州通用食品公司的一位机械师哈罗德的设计而建造的。1964年6月5日下水时以伍兹霍尔海洋研究所的海洋学家的姓名命名为"阿尔文"。当时它的主要部件是一个钢制的载人圆形壳体，最深可下潜到1868米处。1972年，阿尔文换上了新的钛金属壳体，将下潜深度提高到了3658米。1978年它下潜到了4000米深处，1994年到达4500米。现在的"阿尔文"号可以在高低不平的海底地表任意移动，可以在水中自由漂浮，也可停留在海底完成科学和工程任务，同时可以进行摄像与拍照。一般"阿尔文"号的下潜持续8小时，4小时往返，4小时工作，必要时候可以持续工作72小时。

海底奇遇

1974年7月17日，"阿尔文"号在大西洋底潜航时，看到了一堵高墙，接着又看到了一堵岩墙，几堵岩墙乍看之下就像是一座海底古城的遗址。科学家立刻想起了"大西国"的传说：9000多年前，大西洋中有个文明发达的国家，但在某一天突然消失了。这会不会就是那个沉入海底的"大西国"呢？

于是"阿尔文"号在这个不足4米宽的"古城街道"探索，发现这些岩墙与海底裂谷大致平行。显而易见，它们不可能是人造的城墙，而只是坚固的海底岩脉。因为它有较强的抗侵蚀能力，所以明显有别于四周易遭剥蚀的岩石。

接着，"阿尔文"号看到了海底形状奇怪的各种生物，最为奇怪的是一种叫做"沙蓍"的动物，它们就像一堆堆铁丝乱七八糟地扔在海底，能发出冷光，与别的东西相撞后就自行发热。可就在"阿尔文"号向一处2800米深的裂谷下潜时，差点陷入一场前所未有的厄运中。

原来，"阿尔文"号只顾前进，不知不觉中潜入了一条几乎和艇身一样宽的狭窄裂缝里，裂缝两边是锯齿状的峭壁，使它进退维谷。驾驶员只好时进时退，努力寻找能够脱身的大裂缝。就在它缓缓前进时，崩塌下来的沙石泥土迅速把它埋起来，深潜器几乎不能动弹。幸亏驾驶员临危不乱，想尽各种办法，转危为安，驶出了可怕的裂缝。

1977年，当"阿尔文"号在加拉帕戈群岛附近下降到3000米深处时，身不由己地被一股力量向上拱起，同时感到深潜器发热。当探险队向下看时，惊呆了。只见从海底裂谷中冒出了一股灼热的喷泉，在喷泉口还浮游着各种奇异的生物，有血红色的管状蠕虫，大得出奇的蛤和螃蟹，以及一些类似蒲公英的生物。这一惊人的消息传开后，各国海洋学家纷纷来到此地进行深海考察。

公元前 2500 年

古埃及人在尼罗河、红海的远航。

公元前 600 年左右

腓尼基人已沿非洲东岸向南航行，绕非洲南端进入大西洋。

公元前 334 年春

亚历山大渡过达达尼尔海峡，开始了长达 10 年的东征之战。

公元前 325 年 3 月

毕菲乘着一艘 100 吨左右的商船，率领 20 多个水手从马赛起航。

公元前 240 年

皮尔厄斯北方海域探险。

公元前 138 年

张骞出使西域打通丝绸之路。

399 年

法显带着 4 人一起，从长安起身，向西进发，开始了漫长而艰苦卓绝的旅行。

627 年

唐玄奘印度取经，光大佛教。

7 世纪左右

维京人在欧洲扩张和掠夺的路线。

13 世纪末

马可·波罗与他的游记在欧洲掀起了对东方向往的狂潮。

1325 年

伊本·白图塔沿着北非海岸旅行，穿过现今的摩洛哥、阿尔及利亚、突尼斯、利比亚和埃及等国土，到达开罗。

1375 年

欧洲当时最完备的航海地图——加塔兰地图完成。

1402 年

托勒密《地理学指南》被译为拉丁文。

15 世纪初

阿拉伯航海家也从非洲东岸南航到达莫桑比克。

1405—1433 年

郑和"七下西洋"沟通与非洲及亚洲各国之间的往来。

1415 年

葡萄牙占领东非的穆斯林据点休达。

1415 年

航海家亨利王子非洲西岸的探险活动。

1453 年

奥斯曼土耳其帝国攻陷君士坦丁堡，通往东方的陆上和海上商路分别被土耳其人和阿拉伯人控制。

1488 年

迪亚士与好望角的发现。

1492 年

哥伦布的第一次探险到巴哈马群岛。

1493—1496 年

哥伦布的第二次探险。

1498—1500 年

哥伦布的第三次探险。

1498 年

达·伽马开通从欧洲到印度的海上航路。

1501 年

意大利探险家亚美利哥·韦斯普奇到达美洲。

1502—1504 年

哥伦布的第四次探险。

1513 年

西班牙探险家巴尔鲍亚越过巴拿马地峡发现太平洋。

1513 年

西班牙人开始对美洲大陆的征服。

1519 年

麦哲伦的环球航行。

1520 年 10 月

麦哲伦穿过美洲南段与火地岛之间的海峡，进入太平洋。后人将这个海峡命名为"麦哲伦海峡"。

1521 年

西班牙的荷南多·科尔特斯攻取特诺奇蒂特兰城，新大陆墨西哥的阿兹特克帝国灭亡。

1521 年 4 月

麦哲伦到达菲律宾，卷入当地土人的冲突，战死。其手下继续航行，发现摩鹿加群岛（就是著名的香料群岛），随后越过马六甲海峡，进入印度洋。

1533 年

西班牙的弗朗西斯科·皮萨罗灭亡新大陆的"黄金之国"印加帝国。中国成为世界上仅存的古文明。

1534 年

法国人开始在纽芬兰海岸和圣劳伦斯河探险。

1541 年

西班牙人在南美洲内陆的探险。

1541 年

西班牙探险家弗朗西斯科·奥雷连纳首次对亚马孙河进行了为期 172 天的探险漂流。

16 世纪中叶

沙皇伊凡四世执政，俄国才开始向东方征服，逐步吞并了西伯利亚与远东的大片领土，将疆域扩展到太平洋岸边。

1569 年

墨卡托出版世界地图集和约翰·哈里森制造一个天文钟。

1576 年

弗罗比舍向格陵兰岛进发。

1578 年

英国的弗朗西斯·德雷克偶然发现"南大洋"。

1585—1587 年

约翰·戴维斯先后三次驶向西北水域。

1594 年

荷兰的威廉·巴伦支为探寻一条由北方通向中国和印度的航线三次航行北冰洋地区。

1595 年

荷兰人范·林斯霍特编著了最早的航海志，记述了大西洋的风系和海流。

17 世纪初

英国的哈得孙曾屡次探索经北冰洋通向中国的航路。

17 世纪初

荷兰眼镜商人帕理席发明望远镜。

17 世纪初

徐霞客国内地质探险揭开诸多地理秘密。

1607 年

英国人在弗吉尼亚建立定居点开始了美洲的征服。

1616 年

斯霍特到达美洲南端的合恩角。

1642—1643 年

荷兰的塔斯曼环航澳大利亚，发现新西兰和塔斯马尼亚岛。

17 世纪 60 年代

法国人开始深入加拿大内陆。

1670 年

威廉·丹皮尔开始环游世界。

17 世纪和 18 世纪上半叶

探险家前往西藏。

1700 年

英国埃德蒙·哈雷进行最早的南大洋科学考察。

1724 年

维斯特·白令受命彼得大帝进行北极海探险。

1730 年

英国人西森发明经纬仪。美国人哥德弗莱和英国人哈德利首创用六分仪在海上进行天文定位测量。

1732 年

俄皇彼得一世派白令考察俄国东端海域，发现"白令海峡"。

1768 年

詹姆斯·布鲁斯开始对尼罗河的探险。

1768 年—1779 年

英国的詹姆斯·库克船长进行了 3 次南太平洋考察，将新西兰和澳大利亚纳入英国版图，并且发现了夏威夷。

1773 年

库克船长首次闯入南极圈。

1779 年 2 月

库克在与夏威夷人的冲突中被杀。

1788 年

西方人开始了对北非撒哈拉沙漠的探察。

1790 年

非洲协会派丹尼尔·霍顿进行西非探险。

19 世纪初期

美国的西进运动。

1800 年

英国人开始了对南非的旅行。

1804 年

刘易斯和克拉克探索密苏里河。

1819 年

俄国的费边·别林斯高晋最先开始探索南极大陆的壮举。

1822 年

英国詹姆斯·威德尔进入"威德尔海"。

1824 年

约翰·富兰克林奉英国皇家之命开始揭开北极的神秘面纱。

1831 年

英国派"小猎犬号"到南美考察，达尔文同行。

1838 年

法国的迪蒙·迪尔维尔前往南极寻找南极点。

1838 年

美国的查尔斯·威尔克斯前往南极考察。

1840 年

英国的詹姆斯·克拉克·罗斯发现北磁极。

1849 年

李文斯敦穿越卡拉哈利沙漠。

1852 年

李文斯敦横越非洲。

1854 年

李文斯敦探险赞比西河。

1866 年

李文斯敦探索坦噶尼喀湖。

1875 年

诺登舍尔德受聘前往北极海考察。

1893 年

挪威的弗利多约夫·南森开始北极探险。

1904 年

英国的罗伯特·斯科特完成对南极的第一次科学考察。

1910 年

挪威的阿蒙森开始新的科学考察。

1909 年

美国的罗伯特·皮尔里到达北极点。

1914 年

英国的欧涅斯特·沙克尔顿开始横跨南极的计划。

1930 年

毕比和一位工程师奥迪斯·巴顿设计并建造了一个"探海球"。

1954 年

美国建造的世界上第一艘核潜艇"鹦鹉螺"号下水，美国总统艾森豪威尔参加了下水仪式。

1960 年 1 月 23 日

"的里雅斯特"号深潜器从太平洋关岛海域下潜到马里亚纳海沟的深渊 10916 米处，从而为人类征服海洋揭开了最壮丽的一幕。

1965 年

俄罗斯的首次登月。

1969 年

美国的阿波罗登月计划。

1977 年

重建后的"阿尔文"号在加拉帕戈群岛断裂带首次发现了海底热液和其中的生物群落。

1984 年

中国登山探险队北坡登珠峰。